建筑工程施工现场专业人员培训教材

装饰装修设计员
专业管理实务

主　编　曹瑞林　朱丽博
主　审　陈兴义

黄河水利出版社
·郑州·

内 容 提 要

本书侧重在不同建筑类型中室内空间的应用，包括四个部分：设计实务基础、住宅空间、公共空间（商业购物、办公空间、休闲娱乐空间、酒店空间）、外部空间，是专业设计类课程。与以往同类教材相比，本教材在内容质量上有新的突破，注重素质教育和实践能力培养，力求内容新、体系新、方法新，力求具有科学性、启发性和现代艺术设计教与学的适用性。同时选择大量的图例和案例，力求更新颖、更代表时代特点，从而提高学生的学习兴趣并可供借鉴创造。本教材的出版，将为培养具有创新精神和实践能力的复合型人才起到不可估量的作用。

本书可以作为室内设计和环境艺术设计专业的教学用书，也可以作为设计人员的专业培训教材。

图书在版编目（CIP）数据

装饰装修设计员专业管理实务/曹瑞林，朱丽博主编. —郑州：黄河水利出版社，2010.5
建筑工程施工现场专业人员培训教材
ISBN 978-7-80734-813-9

Ⅰ.①装… Ⅱ.①曹… ②朱… Ⅲ.①建筑装饰-建筑设计-技术培训-教材 Ⅳ.①TU238

中国版本图书馆 CIP 数据核字（2010）第 066720 号

组稿编辑：王琦　电话：0371-66028027　E-mail：wq3563@163.com

出 版 社：黄河水利出版社
地址：河南省郑州市顺河路黄委会综合楼 14 层　邮政编码：450003
发行单位：黄河水利出版社
发行部电话：0371-66026940、66020550、66028024、66022620（传真）
E-mail：hhslcbs@126.com
承印单位：河南承创印务有限公司
开本：787 mm×1 092 mm　1/16
印张：11.5
字数：263 千字　印数：1—3 000
版次：2010 年 5 月第 1 版　印次：2010 年 5 月第 1 次印刷

定价：32.00 元

建筑工程施工现场专业人员培训教材

编　委　会

序

建设行业从1986年开始，在建设企事业单位实行关键岗位持证上岗制度。这项制度的实施对提高建设行业职工队伍素质、保证建设工程质量、促进安全生产起到了很大作用，因此受到市场的广泛认可。当前新材料、新技术、新工艺、新规范的更新换代越来越快，迫切需要提高从业人员的素质。鉴于这种情况，中国建设教育协会组织制定了《建设行业专业技术管理人员职业资格培训管理办法》，为建设行业、企业提供相关岗位职业水平评价服务，来满足市场经济体制下建设企业对人力资源管理、人才评价社会化服务的需要，并在广泛深入调查研究的基础上，认真分析和总结我国建筑业岗位培训工作及国外建设行业职业标准编制经验，根据住房和城乡建设部建标[2009]88号的要求，结合我国建筑施工现场专业人员人才开发的实践经验，制定了《建筑工程施工现场专业人员职业标准》，并将于2010年8月颁布实施。在这种背景下，为了做好建设行业专业技术管理人员的岗位培训工作，河南省建设教育协会根据培训工作的需要，组织建设行业有关高校和职业技术学院的专家，以及建筑工程施工现场一线专业技术人员，参照最新颁布的新规范、新标准，以岗位所需的知识和能力为主线，精编成《房屋建筑工程专业基础知识》、《装饰装修工程专业基础知识》和相应岗位专业管理实务等11本教材，以满足房屋建筑和装饰装修专业管理人员培训使用。

本系列教材主要用于建设类院校应届毕业生"双证"培训，也适用于建设企事业单位专业技术管理人员上岗前培训，从专业人员职业需要出发，深入工程建设施工实际，力求源于实践，高于实践。内容上强调科学性、先进性和实用性。文字上深入浅出，通俗易懂，使参加培训的管理人员和自学的读者，比较系统地掌握实用性技术，以达到学以致用、学有创新的目的。

由于时间紧和水平有限，书中错误和疏漏在所难免，本套教材还需在教学和实践中不断完善，敬请广大施工管理人员和教师提出宝贵意见，以便不断提高教材的质量。这套教材在编写的过程中，得到了相关建设类高校、职业技术学院和施工企业的大力支持，在此一并表示感谢。

编委会

2010年5月

前　言

从20世纪80年代以来,伴随着建筑装饰行业的发展,中国的室内设计水平得到了很大提高。进入21世纪,人们对于生存环境又提出了新的目标,力求使我们的环境在功能完善的基础上追求更高的生活品质和更有意义的人文内涵,并与自然保持和谐统一;通过室内设计工作,表达崭新的生存观念、审美情趣,以及积极乐观的生活态度。近些年来,随着国家城市建设对室内设计、建筑装饰人才的需求,许多院校都成立了室内设计和环境艺术设计专业,但系统而比较实用的教材仍感缺乏,许多装饰企业和设计单位也踊跃参加较高级的设计培训班,以提高建筑装饰装修设计员的综合素质。根据这种需求,我们组织编写了此教材。参加编写的作者都是不同院校中具有丰富教学经验和工程实践及理论修养的专业教师。在编写过程中注重基础理论和实用性相结合,力求反映当代建筑装饰和室内设计领域的研究成果与新发展,尽量使教材做到系统 、简明 、实用。本教材的内容侧重于不同建筑类型室内空间的应用,各章节的编排遵循了学科的系统性和课程单元的独立性,每章节的内容力求理论概念阐述明晰,并配以相关的图示与技术参考资料。本书可以作为室内设计和环境艺术设计专业的教学用书,也可以作为设计人员的专业培训教材。

本书由曹瑞林、朱丽博主编并负责统稿,编写人员依次为:第1章,曹瑞林、朱丽博;第2章,曹瑞林、朱丽博;第3章,段欣;第4章,朱丽博;第5章,曹瑞林;第6章,赵凯;第7章,陈研、刘宁;第8章,曹瑞林;第9章,朱丽博。

室内设计学科理论体系的构建有待在今后教学和实践中不断深化与完善,加之教材编写的时间仓促,书中肯定会有不足之处,敬请有关专家和读者批评指正。

编　者

2010年3月

目　录

第1章　绪　论

1.1　建筑装饰设计员的工作内容与职责

1.1.1　设计员的工作内容

现代室内设计既有很高的艺术性要求,又有很高的技术含量,并且与一些新兴学科(如人体工程学、环境心理学、环境物理学等)关系极为密切。现代室内设计已经在环境设计系列中发展成为独立的新兴学科。

在一般人的理解中,装修也好,装潢也好,都是为了满足视觉的要求,都是一种类似表面化的涂脂抹粉的工作。而室内设计的内容要比装修宽得多,其目的不局限于满足人们视觉要求。从目前情况看,人们对室内设计的内容与命名依然存在不同的见解。但是,有几点似已达成共识,那就是:室内设计研究的对象是内部环境;室内设计的中心是内部环境中的人;室内设计是一门综合性很强的学科和专业,涉及建筑学、材料学、工艺学、美学、心理学、行为学、人体工程学等多个领域;室内设计是一种整合艺术,需要综合把握各种要素,从整体需要出发,处理空间、色彩、材料及内部陈设的关系;室内环境设计的内容中包括装修和装饰,但不仅仅是装修和装饰,装修、装饰不过是室内环境设计内容中的一部分。室内设计的内容如图1-1所示。

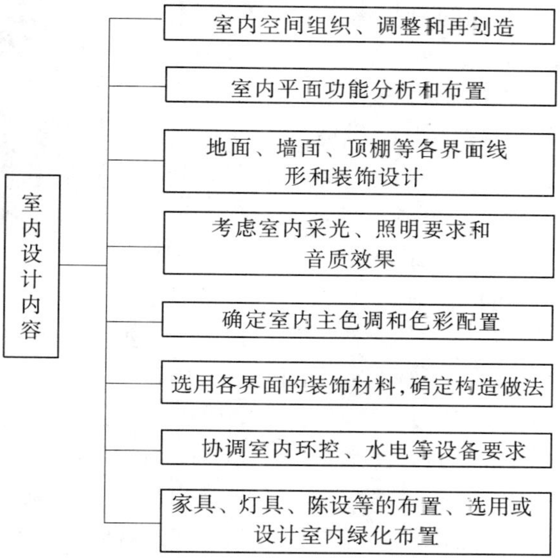

图1-1　室内设计的内容

根据上述观点,室内设计的内容可概括为以下几个方面:

(1)空间的构成与设计。包括在建筑设计的基础上进一步调整空间的形状、尺度和比例,决定空间的虚实程度,在大空间中进行空间的再分隔,解决空间之间的衔接、过渡、对比、统一等问题。

(2)界面的处理与装饰。主要指确定地面、墙面、柱面、顶棚的形式、材料、色彩及构造做法,包括装饰物如壁画、挂画、书法、雕塑等的设计和选择。

(3)室内的陈设与配置。包括设计或选择家具、设备,进行合理配置;设计或选择各种织物,如窗帘、地毯和台布;还包括选择与配置各种日用品或工艺品(见图1-2)。

(4)室内的采光与照明。包括确定采光的部位和光源类型及照明方式,决定光照环境的气氛与主题,设计、选择和配置灯具。

(5)室内绿化与自然景物。包括绿化对空间组织的影响,植物的选择以及山石、水体的设计。

室内环境中的物理因素,如温度、湿度、隔声、通风等,多由相关的专业人员去解决,室内设计师应了解有关情况,以便协调与配合。

1.1.2 设计员的社会职责

图1-2 室内设计实例

建筑及室内环境设计的社会属性决定了室内设计师对自己工作的社会意识应有深入的理解,他们的工作价值观应该具有社会和环境保护的责任感。现在人们已经从较高的层面去思考和评价室内设计作品的优劣,需要解决的不仅仅是空间美的形态,更主要的是探求如何通过设计建立一种合理的生活方式和对社会进步有积极意义。比如为大众使用的公共建筑室内外环境,除符合美的原则外,还要考虑到各种年龄和类型人的使用安全与方便,包括在一些部位设置的专门供婴幼儿使用的车与供残疾人轮椅使用的坡道和其他设施,同时又要对生态环境负责。所以,在室内设计行业发展较为成熟的国家会对室内设计师的工作有明确的社会目标界定,指明其工作的意义在于推进生活质量,提高生产力以及保护公众健康、安全和福祉,这也可以视为一个职业的室内设计师应遵守的职业操守。实际上在一个商业化的社会里,业主和开发商要求设计师参与设计的目的多为创造最大利润,但如果与工程使用者及社会公众的利益产生矛盾,设计师应正视这些问题,探索有效的策略去考虑使用者和社会公众的利益,从长远看,这不仅能赢得社会公众的认可和赞许,也会增加设计师的自尊。

在一般意识中,室内设计师和建筑师认为他们的职责就是最大程度地满足客户的要求和期望,除此别无其他。其实,设计师作为该领域的专家,除了在工程中运用专业技术帮客户解决问题,还可以运用自己的设计理念去引导、影响客户和普通公众,让更多的人为社会发展、人类生存负起责任。作为室内设计师,在当前为全球性生态危机而反思的大环境下,有责任和义务倡导建立起科学的室内设计理念,倡导绿色设计,探讨生态室内环境设计,在设计中贯彻体现高效能、高品位、高文化、低消耗的设计思想。

1.2　建筑装饰设计员的专业素质

1.2.1　对设计师基本素质的要求

室内设计是艺术和工程技术、社会科学与自然科学相交叉的边缘学科，也是发展中的新兴学科。随着社会的进步和现代科学技术的发展，人们对自己赖以生存的环境质量提出了更高的要求。同时，学科的拓展也不断赋予环境艺术专业以新的内涵。这就要求设计师具有较高的专业技术水平、较宽的知识面和掌握一套科学的工作程序，并在实践中不断地学习、总结、提高，才能更好地胜任这项工作（见图1-3）。

对设计师基本素质的要求如下：

（1）正式接受过专业教育，能掌握一般的建筑结构构造原理，熟悉了解相关的建筑工程技术规范，熟悉材料的性质和施工工艺特点，以及声、光、热等建筑物理常识。

（2）具备良好的专业表现技能和方案构思能力，能快速和清晰地表现所构想的空间形态，具有良好的空间意识和尺度概念。

（3）有良好的艺术修养，能掌握不同建筑环境中空间组合的设计手法。

（4）注重相关门类学科的学习，能将社会学、心理学、生态学、人体工程学、材料学、市场学等学科知识综合运用于设计实践。

（5）具备与相关工种协调配合，能综合业主、设计院、现场各方的能力。

1.2.2　对设计师综合分析能力的要求

（1）工程背景分析。结合设计任务书分析和研究所必需的设计条件、工程的隶属关系、使用功能特点，资金投入和造价标准，甲方提及的一些使用性、专业性特殊要求，甲方对材料、设备的意见。

（2）建筑环境条件综合分析。熟悉建筑图纸及所在的地域及周围环境、建筑物、设施设备等条件，对该地区的气候特点、光照、温度、湿度、交通、人员流动等条件给予综合分析评定，汇总成设计资料依据。

（3）设计定位分析。通过调查、分析、收集相关信息资料后，对接受的设计任务，从功能特点、艺术风格、造价标准等方面作出定位。

1.2.3　当代室内设计师的专业知识构成

（1）技能：客户调研能力、方案设计和表达能力、现场解决问题的能力。

（2）设计原理与理论知识：室内设计要素和原则、室内设计原理、先进的设计理念。

（3）技术平台：建筑结构体系和装饰构造、建筑设备、设计规范和安全系统。

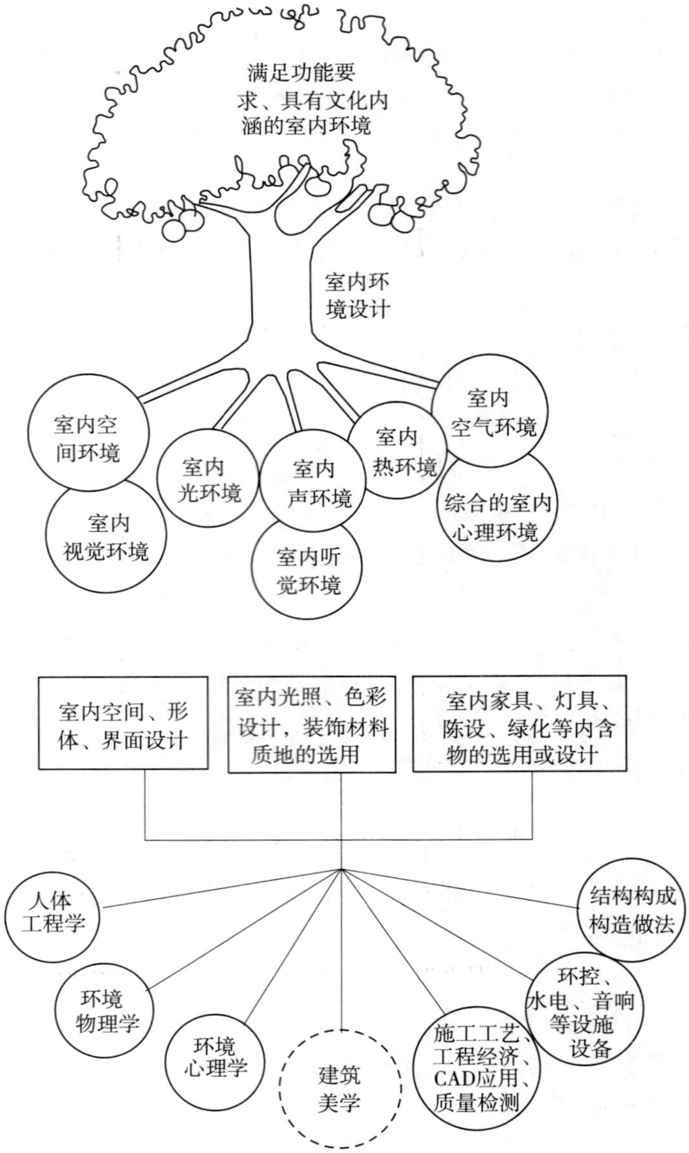

图 1-3　设计师需要具备的基本素质

第2章 室内设计理念与工作程序

2.1 室内设计的基本观点和理念

2.1.1 树立生态价值观和绿色设计概念

环境艺术设计是伴随着人们环境意识的觉醒而诞生的新兴专业。

一个多世纪以来,现代科学和工业革命给人类带来了前所未有的进步,产生了巨大的社会财富并使生活方式发生了全方位的改变。然而工业化进程又导致了资源的过度消耗、环境恶化、污染日趋严重,人类赖以生存的自然环境和生态平衡遭到严重破坏。森林植被、生物物种、清洁的淡水和空气、可耕种的土地,这些人类生存的基本物质保障在急剧减少,地球上的非再生资源日益枯竭。如果按过去的工业发展模式不加节制地发展下去,地球将不再是人类的乐园。据有关资料统计,在建筑业对环境造成的污染中,有相当大的比例是因为装修材料的生产、施工与更新造成的。目前,用于室内外装修的投资在工程总投资中所占比例很高,以室内设计为主的环境艺术设计工程对资源和能源的高消耗越发严重,这些都应引起设计师的高度重视和认真思考。

首先,设计师要实现观念的转换。从维护和提高人类生存环境质量的层面来看待环境艺术设计,已不仅仅是装饰和装修的问题,而应把它看做一个复杂的系统工程。在这个系统工程中,除人文社会科学和自然科学的参与外,生态学和绿色设计观念将成为整个设计思维过程中的主要因素。要用与自然和谐的整体观念去构思和策划项目,进行工程设计,以生态学思想和生态价值观为主要原则,充分考虑人类人居环境可持续发展的要求。提倡绿色设计的概念,贯彻高效能、高品位、高文化、低消耗的设计思想。生态设计是一个整体性设计,需要设计师和建筑师以及相关专业的工程师之间协调配合,请他们提供专业的咨询和帮助。法兰克福商业银行总部大厦成功地将自然景观引入超高层集中式办公建筑中,被称为世界上第一座“生态型”超高层建筑,如图2-1所示。

目前,我国的生态建筑尚在起步阶段,环境艺术设计工作可以从以下两方面考虑:首先,设计师要建立环境保护意识。掌握好装饰对人的无害化和对环境的无害化原则,在设计中使用环保材料。解决好对自然能源的利用,如阳光、自然风、土地、植被、水资源等,同时考虑减少对能源和资源的消耗,减少有害气体、固体垃圾的排放,减少对自然环境的负面影响。在设计中要更多地注重外部环境的因素,结合地区气候日照特点,尽可能多的利用自然光、自然通风、太阳能等可再生资源,减少对人工照明和空调等高能耗设备的过分依赖。其次,在技术条件许可的情况下,设计师要积极地创造生态化环境。在室内环境方面,通过在设计中引入自然要素和户外景致,形成绿色自然景观,使人与自然相融合,并成为自然生态系统的有机组成部分。比如,时下流行的“景观办公室”,根据交通流线、工程

图 2-1 法兰克福商业银行总部大厦剖面图

流程、工作关系等自由布置办公家具，室内空间充满绿化，有效地改善了环境的小气候，营造出更加融洽轻松、友好互助的氛围。这无疑减少了工作中的疲劳，大大提高了工作效率，激发了积极乐观的工作态度。室外环境方面，针对中国城市化进程中存在的生态环境恶化和城市文化特色消失等问题，根据联合国计划倡导的国际城市发展模式，许多城市提出了建设“生态城市”的目标，用生态学的原理来进行城市规划和城市景观设计。按照生态美学的要求，基于人与自然的关系，对城市及其周围区域的各组成要素包括城市广场、城市居住区环境、城市园林和城市森林等进行空间、形体、环境方面的设计。在设计中树立保护自然生态系统和文化生态系统的原则。战略性地保护好城市自然和文化生态景观，对于维护生物、生态自然美和文化的多样性，对于陶冶城市居民的高尚情操和精神文明建设，具有十分重要的意义。

2.1.2 树立以人为本的环境艺术设计观

现代环境艺术设计“以人为本”理念中的人，是指广义的整个人类，其中涵盖了现代人的需求和将来人的持续发展。

环境艺术设计的目的是通过创造室内外环境提高人的生活品质，并始终把人对环境的需求，包括物质和精神两方面的需求放在设计的首位。以人为本的设计思想，就是在环境设计中充分地考虑人的安全与健康、人际交往等多项关系，满足人们的生理和心理需要，让使用者的意志得到体现，使用者的情感得到关怀。在此基础上，综合解决使用功能、经济效益、舒适美观、环境氛围等方面的问题。

美国建筑师芭芭拉·克里斯普说：“随着研究的不断深入，揭示出我们的环境的确能潜移默化地影响我们的行为，塑造我们的思想和情感，我们正在逐渐地理解意识与建筑世界的联系。这使得设计行业以全新的角度去认识设计、建筑和生存，重新构筑精神与肉体之间的联系，营造时空感和好心情。”

现代环境艺术设计特别重视对人体工程学、环境心理学、审美心理学等方面的研究，用以科学地、深入地了解人们的生理特点、行为心理和环境体验等方面对室内外环境的设计要求。在设计中细微地体察和理解人体与建筑空间之间的关系，尊重人对不同空间和文化氛围的内心感悟与体验，突出人在空间环境中的作用，而不是强调表现场所或设计本身。成功的设计往往以人的行为需求为核心，把环境中的人作为设计关爱的对象。

应该根据不同的人和使用对象，相应地考虑对环境的不同要求。比如，为了设计好老龄人群居住的室内环境，就需要研究老龄人群的住宅空间居住行为特征，对老年人的基本居住状况，在室内空间中的生活规律，使用室内空间的主观感受和心理倾向进行细致调查，通过对调查数据的科学分析，才能得出不同老龄人群对住宅空间的行为的普遍特征和需求特点。在对老年人的居室环境设计中，可以通过很多细节设计为老年人提供方便，例如：尽量减少踏步、坡道和台阶；电梯的尺寸要考虑轮椅出入方便；楼梯踏步及人行坡道都应安装扶手栏杆，楼梯扶手要连续，不应在拐弯处中断；休息平台上要设椅子，供老人中途休息，浴室、卫生间和卧室的地面不能用光滑的材料，洁具和浴缸处墙壁上要安装扶手，等等。一些公共建筑应顾及残疾人的通行和活动，在室内外高差、垂直交通、厕所盥洗等方面应作无障碍设计，给残疾人提供方便。

在进行室外环境的景观设计时，同样需要把人的活动、人与人之间的交流、人在环境中的体验作为考虑的核心。

室内环境和景观设计除应综合考虑周围环境、地形和植被、气候、地方文化历史外，使用者的参与因素是不容忽视的。因为环境和景观不仅仅要强调美的形式，而是供人使用的，要让人成为其中一部分。因此，离开了人的使用便失去了本质的意义。

在室内外空间的组织、色彩和照明的选用等方面，更需要研究人的行为心理、视觉感受，包括环境的舒适度等方面的要求。充分运用物质、技术手段和相应的经济条件，创造出更加人性化的室内外环境。以人为本的环境艺术设计应该是实用的、经济的、方便宜人的，符合人体尺度和比例的，符合美的规律的，令人感觉亲切和愉悦的。

2.1.3 注重时代感与民族性和地域文化相结合

优秀的建筑和室内外环境，可映射出当代社会文化艺术的特征，铭刻着时代的印记。现代环境艺术设计更注重运用现代设计理念与本民族的地域文化相结合，在设计中体现出时代精神和深厚的文化内涵。

在人类历史的发展进程中，物质技术和精神文化都有着历史的延续性。近十几年以来，由于世界经济一体化的快速发展，国际交往日益增多，对人类文明的珍惜与环境保护更加受到重视。在国际合作规划开发的设计项目中，民族风格和地域风格的文化往往以能显示不同民族的特色而受到青睐。多元化设计观念的兴起，使地方风格鲜明的设计作品更加受到尊重。中国有几千年的历史和灿烂的文化，应该从本民族和丰富的地方文化中吸取精华，并融入与国际接轨的前卫的设计观念，探索和创作出个性鲜明的设计作品。这里所说的民族性和地域风格，并不能简单地只从形式上去理解，而应广义地从创作思想、平面布局和空间类型，以及更深层次的设计哲学等方面去理解和设计。

华裔建筑师贝聿铭2000年设计的“北京中国银行”，在四季厅的大空间中运用竹林、山石、流水结合庭园绿化，开创了在一个现代风格的建筑室内环境中再现中国传统文化的丰富内涵（见图2-2），还有近年设计的苏州博物馆（见图2-3），这些都是在设计中注重时代感并与民族和地域风格相结合的成功范例。

图 2-2　北京中国银行大厦

图 2-3　苏州博物馆

2.1.4 注重科学与艺术相结合

环境艺术设计是建立在现代环境科学研究基础之上的边缘性学科，在创造室内外环境时要高度重视科学性，也要高度重视艺术性，更要重视二者的有机结合。随着社会的发展和科学技术的进步，人们审美观念和价值观的改变，促使设计师更加重视在设计中积极运用当代科学技术成果，包括新型材料、新的结构、新的技术以及新的设备等。环境艺术设计除了需要设计师在观念上确立科学与艺术并重的价值观，在设计思维和表现手段上也需要予以重视。比如，设计方法的科学化，用科学的方法评价和分析室内外环境的质量，包括视觉环境、物理环境和心理环境以及对于舒适性、健康性方面的研究等。

在工程设计时，会遇到各种不同类型和功能特点的室内外环境，如商业环境、办公环境、娱乐环境等。在具体处理上对于艺术和科技的成分可能有所侧重，但从整体的设计观念出发，仍需要将两者很好地结合，才能设计出高品质和不同性格特征的空间环境。如新建的机场、体育馆等建筑，就很重视将最新的技术和材料运用到自己的设计之中，重视构件细部、节点大样的推敲和设计，表现出一种理性的结构美，扩展了建筑美学的概念，带来新的建筑理论和新的空间表现形式。设计师要善于和建筑师、工程师合作，共同创新，在设计中充分注重科学性，在运用技术手段的同时，又要充分重视艺术性，重视运用美学原理，重视视觉的愉悦感和文化内涵，以满足人的精神和心理需求。

著名科学家李政道说："科学和艺术是不能分割的。它们的关系是与智慧和情感的二元性密切关联的。"当代环境艺术设计正在向着高科技和高情感方面发展，反映出科学性与艺术性、物质因素和精神因素的综合与平衡。

2.2 室内设计的工作程序

室内设计的程序一般可以分为设计准备、方案设计、施工图设计、设计实施和设计评估这五个阶段。

2.2.1 设计准备阶段

设计准备阶段主要是接受委托设计任务书或根据标书进行投标，包括与业主的广泛交流，了解业主对设计的要求，亦有直接根据设计任务书签订设计合同。

在此阶段，应明确工程性质、功能特点、设计规模、投资等级标准、工程总造价、根据工程的使用性质所需要创造的环境氛围、文化内涵、艺术风格等。同时，亦应对现场进行调查，收集必要的资料和信息，查阅有关的规范和定额，并参观调研相关类型的实例工程。

2.2.2 方案设计阶段

方案设计阶段是在设计准备阶段的基础上，综合运用收集到的与设计任务有关的资料信息、构思立意，进行初步方案设计。一个成功的作品方案设计是第一位的，设计师无不为此倾注大量心血。

完整的方案设计通常包括平面图、天花图、主要部位立面图、透视图、装饰材料实物样板，另外附有设计意图说明和造价概算。

一般的建筑装饰和环境设计工程，方案设计经甲方认定后，可进入施工图设计阶段。比较复杂的大型工程，方案设计阶段后应增加初步设计阶段。

2.2.3 施工图设计阶段

施工图设计文件应按已批准的方案设计或初步设计进行编制，内容以图纸为主，应包括封面、图纸目录、设计与施工说明、图纸等。

施工图一般以楼层或功能分区为编排单位，各专业图纸分别编排与装订。

2.2.4 设计实施阶段

设计实施阶段虽然大部分设计工作已经完成，项目开始施工，但设计师仍须高度重视，注意解决现场问题。在施工前，设计师应向施工单位进行设计意图说明和图纸的技术交底；需核对图纸与现场施工实际情况不一致的地方，修改变更图纸或补充图纸。设计师还需配合业主进行装饰材料和灯具的选样工作，施工结束时，会同质检部门和建设单位进行质量验收。

为了保证设计意图的实施，设计师必须抓好实现设计的各个环节，重视与其他专业（建筑、水、电、空调等）设计的衔接配合，重视与业主、材料供应厂家、施工人员的充分合作，以期达到预期的理想效果。

2.2.5 设计评估

设计师在施工完成后应继续进行跟踪检查以核实设计方案取得的实际效果。大致在完工后的 6 个月、1 年和 2 年的时间分别对项目进行检查，以确定设计是否达到用户的要求。评估时，要注意不是以设计师的身份进行评估，而是要以居住和使用此空间的人的身份进行评估。有了这个过程，就会给设计师未来的项目累积专业知识，有了修改和调整的机会，也体现出设计师的专业和负责任的态度。

第 3 章　室内装饰装修业务程序与技术规范

室内设计是一门综合性学科，既有明显的艺术性，又有很强的科学性；既有实践性，又有理论性。作为一名合格的室内设计师，应该掌握大量的信息，不断学习其他相关专业知识。

3.1　业务程序

在建筑室内设计装修业的发展中，为了加强管理，保障建筑装饰装修业主、设计、施工当事人的合法权益，确保建筑装饰装修后室内空间环境质量、工程质量和建筑物安全，建筑室内装饰装修业从任务发包委托，到承包设计、施工，到验收，已形成了一套比较完善的业务程序，同时在各程序阶段建立了相关的管理法规与技术规范（见图 3-1）。

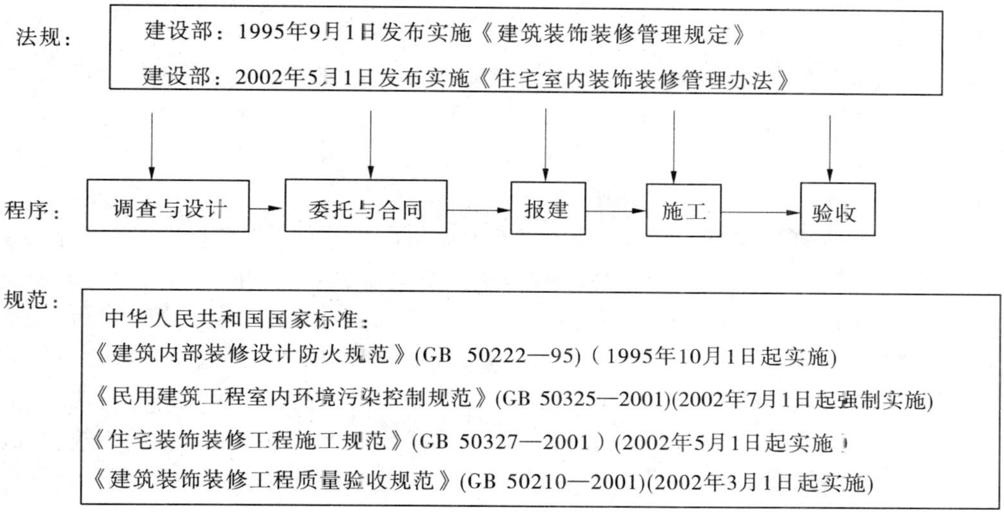

图 3-1　建筑室内装饰装修业务程序和管理法规

本章将按照图 3-1 中所列的调查与设计、委托与合同、报建、施工、验收的先后顺序，对各工作程序阶段中的工作内容、方法及其相应的管理法规与技术规范进行介绍。

3.2　设计调查、设计管理与技术规范

对于专业从事室内设计装饰装修业务的单位和个人，第一道业务程序就是搞好设计。设计是工程的灵魂。室内空间组织、界面设计、室内物理环境合理设计、室内陈设的理想

布置等这些充分体现艺术和智慧、富有生机活力而又健康的室内环境,无不是设计师情感和智慧注入的结果,无不依赖于设计师费尽心计的设计劳动。经设计师做出室内设计并依据设计进行施工,以至于最后实现理想的室内环境。

3.2.1 调查研究

设计师要做好装饰装修的设计,首先是做好调查研究,充分做到“有的放矢”,使做出的设计,符合时尚要求、客观现实和客观需要。设计师调查研究的主要对象是业主、社会、市场。调查研究的内容主要有以下几方面:

(1)业主的使用功能、经济水平、精神文化与审美要求。

(2)同类型室内功能的普遍装修标准、设备标准和社会的时尚与风格。

(3)装饰装修材料的市场供应能力与主要材料价格。

(4)装饰装修队伍的施工能力、水平与信誉。

3.2.2 室内设计管理

室内设计的管理,从图 3-1 中可见,主要由有关政府主管部门和单位依照国家法规进行的管理。建设部 1995 年 9 月 1 日发布施行的《建筑装饰装修管理规定》以及建设部 2002 年 5 月 1 日发布实施的《住宅室内装饰装修管理办法》对室内设计的管理作出了相关规定,并已明确指出:

(1)凡从事建筑装饰装修的企业,必须经建设行政主管部门进行资质审查。未取得建筑装饰装修资质证书而进行建筑装饰装修设计,由县级以上人民政府建设行政主管部门给予警告、通报批评、停止施工、停业整顿、降低资质、吊销资质证书、没收非法所得的处罚,并可处以装饰装修工程造价 3% 以下的罚款。

(2)住宅室内装饰装修设计,应当保证工程质量和安全,符合工程建设强制性标准,并遵守下列规定:①禁止未经原设计单位或具有相应资质的设计单位提出而变动建筑主体和承重结构的设计;②禁止将没有防水要求的房间或者阳台改为卫生间、厨房;③禁止扩大承重墙上原有的门窗尺寸和拆除连接阳台的砖、混凝土墙体;④禁止损坏房屋原有节能设施,降低节能效果;⑤不得有其他影响建筑结构和使用安全的设计、施工行为。

(3)室内装饰装修,未经城市规划行政主管部门批准,不得搭建建筑物、构筑物,改变外立面,在非承重外墙上开门开窗;未分别经供暖、燃气单位批准,不得拆改其各自管理的供暖、燃气管道和设施。

3.2.3 室内设计消防规范

目前,我国室内设计、装饰装修执行技术规范方面,首先应共同执行我国建筑设计各类相关技术规范以及消防设计规范。消防设计规范中有关安全疏散出口、防火分区、防烟楼梯、消防栓等要求,应严格遵守。此外,国家还特别制定有《建筑内部装修设计防火规范》(GB 50222—95)应严格执行。该规范系 1995 年由公安部和建设部制定,为强制性国家标准,自 1995 年 10 月 1 日起执行。该规范首先明确指出,建筑内部装饰设计应妥善处理装饰效果和使用安全的矛盾,积极采用非燃烧性材料和难燃烧性材料;尽量避免采用在燃烧时产生大量浓烟或有害气体的材料；做到安全使用，技术先进，经济合理。

（1）装修材料燃烧性能的等级。该规范将装修材料按其燃烧性能划分为四级：不燃烧（非燃烧）材料，为 A 级；难燃烧材料，为 B1 级；可燃烧材料，为 B2 级；易燃烧材料，为 B3 级。各种性能与级别的装修材料举例见表 3-1。

表 3-1　装修材料燃烧性能等级和材料举例

等级	装修材料燃烧性能	材料举例
A	不燃性	石材、水泥制品、石膏板、石灰制品、黏土制品、玻璃、瓷砖马赛克、金属
B1	难燃性	纸面石膏板、水泥刨花板、矿棉玻璃面板、难燃胶合板、难燃木板、难燃人造板、难燃墙纸墙布、多彩料、铝箔玻璃钢复合材料、轻质高墙板
B2	可燃性	天然木材、塑料面板、聚酯板、胶合板、壁纸墙布、人造革、毛棉物等
B3	易燃性	油毡、油漆等

（2）建筑内部各部位的装饰材料燃烧性能应达到的等级。《建筑内部装修设计防火规范》（GB 50222—95）规定，常遇的各类建筑内部各部位的装饰材料燃烧性能，应达到的燃烧性能等级见表 3-2。

表 3-2　建筑内部各部位的装饰材料燃烧性能等级

建筑物及场所	顶棚	墙面	地面	隔断	家具	窗帘
机场候机楼、影剧院、会堂、体育馆（车船客运厅）	A	A	B1	B1	B1（B2）	B1（B2）
商场营业、旅馆客房、办公	A	B1	B1	B1	B2	B2
歌厅、餐饮、托幼、病房	A	B1	B1	B1	B2	B1
无空调办公室	B1	B1	B2	B2	B2	
高级住宅	B1	B1	B1	B1	B2	B2
普通住宅	B1	B2	B2	B2	B2	

室内装饰装修设计时，应严格按照规范要求，根据装饰装修的室内的不同功能、不同部位，选定符合相应燃烧性能等级的具有防火性能的装饰装修材料，保证达到室内的防火设计标准。重要的、较大规模的室内装饰装修工程的防火设计，要求更加严格，必须经过消防主管部门审核后，方能进行施工、验收。

3.2.4　室内环境污染控制规范

随着居住水平和装修标准的提高，室内居住环境中因为装修带来的污染也已引起人们足够的重视。国内外对室内环境污染进行了大量的研究，已经检测到的有害物质常见的有 10 种以上。我国依据目前的发展水平，为控制室内环境污染，于 2002 年 1 月 1 日发布了《民用建筑工程室内环境污染控制规范》(GB 50325—2001),并从当年起在全国范围内强制实施。该规范在工程建设和室内装饰装修的设计、施工、检测以及工程验收等各阶段,提出了对氡、甲醛、苯、氨以及总挥发性有机物(TVOC)等各主要室内环境污染物进行控制,并提出了相应的控制标准。

各地方建设行政部门为了保障人民健康,切实控制装饰装修的室内环境污染,也发出了通知,要求所属设计、施工、监理单位以及质量监督机构,认真在各自工作中贯彻执行该规范,并提出了相应的执行细则。

(1)民用建筑室内污染控制分类。根据人们在室内停留的时间长短,同时考虑到建筑物空间大小致使污染物积聚的浓度与可能性,将民用建筑分为两类:住宅、医院、老年用建筑、幼儿园、学校教室等,人们在其内停留时间长,且老幼体弱者居多,其室内环境是应严加控制的,定为Ⅰ类。Ⅰ类的室内环境控制指标要求较高。其他如旅馆、办公楼、文化娱乐场所、商场、公交等候室、餐厅等一般人们在其内停留时间较短,或在其中停留者以健康人士居多,因此定为Ⅱ类。Ⅱ类的环境控制指标可比Ⅰ类稍降低。

(2)室内环境污染物控制量标准我国《民用建筑工程室内环境污染控制规范》(GB 50325—2001)规定的室内环境污染物浓度控制限量标准见表3-3。

表3-3 民用建筑室内环境污染物浓度控制限量

污染物	Ⅰ类控制的民用建筑	Ⅱ类控制的民用建筑
氡(Bq/m^3)	≤200	≤400
游离甲醛(mg/m^3)	≤0.08	≤0.12
苯(mg/m^3)	≤0.09	≤0.09
氨(mg/m^3)	≤0.2	≤0.5
总挥发性有机物(mg/m^3)	≤0.5	≤0.6

(3)民用建筑室内污染物控制的操作办法。①设计阶段,由设计单位在设计图中明确注明室内要求控制的各污染物浓度含量,同时按照《民用建筑工程室内环境污染控制规范》(GB 50325—2001)要求选择建筑和装饰装修材料:对Ⅰ类民用建筑工程,必须采用A类石材、陶瓷、石膏板以及E1类人造木板;木地板及其他木材严禁采用沥青防腐防潮;塑料地板不能采用溶剂型黏结剂。②合同阶段,建设单位与装修施工单位就建筑施工或者室内装饰装修施工签订的施工承包合同中,应就保证室内环境污染物达标问题,按照室内环境污染物的国家允许限量标准,写入合同中。同时对验收办法、室内环境污染控制未达标的处理措施等也应写入合同中。③施工阶段,施工单位应严格选择持有有效的"环保监测达标证明"的厂家、商店提供的装饰装修材料;材料供应时不具备环保达标证明的,应按规定将材料样品送至具有检测资质的检测单位进行污染物含量检测,检测不达标的材料不能采用。监理单位应对使用材料的环保检测达标情况进行监理;质量监督机构应对使用材料的环保检测达标进行监督。只要所使用的建筑材料和装修材料符合国家允许的污染物含量标准,加上其他方面的控制,如施工时遵守溶剂、稀释剂方面规定,就不会使室内污染超标。④验收阶段,装饰装修竣工后按规定经有资质的检测单位对竣工的室

内进行现场环境监测。经现场监测后符合国家规范规定的验收标准的，方可交付使用。不符合国家控制标准的不能验收和严禁投入使用，应采取有效措施进行改造、处理，直至验收达标合格。

3.3 委托承包与报建管理

3.3.1 “一次性装修”与“二次装修”

根据我国建筑室内装饰装修业自20世纪90年代初大发展以来的实际情况，到目前为止仍然实行着两类装饰装修：一类是与土建施工合并一起，一次性装饰装修到位；另一类与土建施工分开，在土建施工形成毛坯房后，进行所谓“二次装修”。一般普通标准的公共建筑如机关、学校、厂房等的室内装饰装修任务，多与土建任务一起发包并与土建施工一起一次性完成。但装饰装修标准和要求高、投资和规模大的公共建筑如高级写字楼、宾馆酒店、大型商厦、体育馆等装饰装修任务一般与土建任务分离，待土建完成验收合格后，寻找有相当水平与资质的专业队伍实施“二次装修”。量大面广的商品住宅、家庭住宅装饰装修，以前也是沿袭后种情况，实施购置毛坯房后的“二次装修”。这种“二次装修”模式，虽然能照顾到住宅装饰装修的个性要求，但它带来的有可能损害建筑主体结构和损坏防水层、造成装饰材料的较大浪费、严重扰乱居住区安宁、破坏小区环境等危害，已越来越为人们所认识。随着全民的资源和环境意识提高以及社会管理水准的提高，全面取消毛坯房，倡导住宅一次装修到位，已是大势所趋。国家有关机构于2002年5月发布了最新编制的《商品住宅一次装修到位实施细则》。建设部也在《关于推进住宅产业现代化，提高住宅质量若干意见》中明确指出，“加强对住宅装修的管理，积极推广一次性装修或菜单式装修模式，避免二次装修造成的破坏结构、浪费和扰民现象”。

这样，我国装修市场上倡导和实行一次装修到位，将成为市场主导。但一段时期内的装修任务，仍然是包括两类：一类是普通标准的公共建筑和工业厂房装饰装修，加上较大楼盘的商品住宅装饰装修，都将实行一次性装饰装修施工完成；另一类是装饰装修标准较高、室内设备较复杂和有特殊装饰装修要求的大型公共建筑装饰装修任务，以及高标准并特别强调风格个性的高级住宅如别墅类装饰装修，将仍然是与土建施工任务分离，在土建完成后，另行选择专业性强、技术水平相当的装饰装修队伍进行“二次”装饰装修。

3.3.2 装饰装修委托承包以及报建管理

不管是“一次性装修”到位，还是与土建分离的“二次装修”，装饰装修任务发包委托，到施工企业承包施工，都应按照建设部1995年9月1日发布施行的《建筑装饰装修管理规定》以及建设部2002年5月1日发布实施的《住宅室内装饰装修管理办法》中的有关要求执行。该规定已明确指出：

(1)不管是新建项目与主体建筑共同发包的装饰装修工程，还是独立发包的工艺要求高、工程量大的大中型新建项目的装饰装修工程(与土建任务分离)，都应执行建设部关于工程建设报建管理办法，向县以上建设行政主管部门报建，申领施工许可证。

(2)原(旧)有房屋的使用人(承租人)装饰装修房屋,应征得原房屋所有权人(房主)同意并签订协议,再向县、市建设行政主管部门办理报建手续,并领取施工许可证。如果原(旧)有房屋装饰装修时涉及拆改主体结构和明显加大荷载的,房屋所有权人和使用人必须共同向房屋所在地的房地产行政主管部门提出申请,并由房屋安全鉴定单位对装饰装修方案的使用安全进行审定,再向县、市建设行政主管部门装修报建。

(3)住宅装饰装修工程开工前,应持房屋所有权证(或其他能证明合法权益的有效证件)、申请人身份证、装饰装修方案向物业管理企业或者房屋管理机构申请登记。非业主对住宅进行装修应取得业主书面同意。装修方案中涉及变动承重结构的需由原设计单位提出结构变动设计方案,涉及加建搭建、改变立面、在承重外墙上开门窗、涉及拆改供暖管道、涉及拆改燃气管道的,应事先经有关管理部门和管理单位批准。

(4)建设单位按照工程建设质量安全监督管理的有关规定,到工程所在地的质量、安全监督部门办理建筑装饰装修工程质量、安全监督手续。对于未办理报建和质量、安全监督手续的装饰装修工程,有关主管部门不得为建设单位办理招标投标手续和发放施工许可证。设计、施工单位不得承接该装饰装修工程的设计和施工。

(5)建设单位不得将建筑装饰装修工程发包给无资质证书或不具备相应资质条件的企业。

一般对承接装饰装修企业的资质要求:建筑装饰装修工程与主体建筑工程共同发包时,由具备相应资质条件的建筑施工企业承包。独立发包的大中型建设项目的装饰装修或工艺要求高、工程量大的装饰装修工程,由具备相应资质条件的建筑装饰装修企业承包。住宅室内装饰装修委托装修企业施工的,需提供该企业相关资质证书的复印件。凡从事建筑装饰装修包括住宅室内装饰装修的企业,必须经建设行政主管部门进行资质审查,并取得资质证书后,方可在资质证书规定的范围内承包工程。

3.3.3 委托合同

建设部《建筑装饰装修管理规定》中明确,“从事建筑装饰装修工程的发包、承包双方,应当按照统一的建筑装饰装修工程施工合同示范文本签订合同”。

建设部《住宅室内装饰装修管理办法》更具体明确规定,“装修人与装饰装修企业应当签订住宅室内装饰装修书面合同,明确双方的权利和义务”。

该法规还明确了住宅室内装饰装修合同应当包括的主要内容:

(1)委托人和被委托人的姓名或者单位名称、住所地址、联系电话;

(2)住宅室内装饰装修的房屋间数、建筑面积,装饰装修的项目、方式、规格、质量要求,以及质量验收方式;

(3)装饰装修工程的开工、竣工时间;

(4)装饰装修工程保修的内容、期限;

(5)装饰装修工程价格,计价和支付方式、时间;

(6)合同变更和解除的条件;

(7)违约责任及解决纠纷的途径;

(8)合同的生效时间；

(9)双方认为需要明确的其他条款。

按照有关行政主管部门通知，为了执行室内环境污染控制规范，合同中还应约定室内环境监测以及必须经检测达标符合国家标准的有关事项。

3.4 施工管理

根据建设部《建筑装饰装修管理规定》、《住宅室内装饰装修管理办法》和《住宅装饰装修工程施工规范》(GB 50327—2001)规定，装饰装修施工中应遵守以下法规、规范：

(1)装修前应就装饰装修工程任务、工期及其他有关注意事项通知邻里。

(2)建设单位及设计、施工单位必须按照基本建设管理程序办事，严格执行建筑装饰装修的质量检验评定标准、施工安全技术规范及验收规范等有关标准和规定。

建设部于 2002 年 5 月 1 日发布实施的《住宅装饰装修工程施工规范》(GB 50327—2001)，以及其他有效的施工技术规范，都是应遵守的装饰装修施工规范。特别是新发布实施的《住宅装饰装修工程施工规范》(GB 50327—2001)共分为 16 章，结合我国住宅装饰装修特点，针对目前政府主管部门和消费者普遍关心的问题，强调了房屋结构安全、防火防水、室内环境污染控制处理，并就抹灰、吊顶、隔墙、门窗、细部、涂饰、墙地铺装、水卫安装、电器安装等各分部工程的技术控制、材料要求、施工要点均作了详细规定，可操作性很强。该规范不仅对住宅装饰装修施工，起到很具体的指导作用，而且对其他类型建筑室内的装饰装修施工具有同样重要的指导和借鉴作用。

(3)建筑装饰装修企业必须按照图纸施工，不得擅自改变设计图纸。

(4)建筑装饰装修企业或者装饰业主，应当与施工现场物业管理部门或者其他有关部门签订装修施工协议，明确严格遵守规定的装饰装修施工时间，做到不扰民；不侵占公共空间和他人空间，不得损害公共设施和他人设施；材料堆压不得损坏建筑结构；应积极采取措施降低施工噪声、机械振动对环境的危害；严格控制施工现场的各种粉尘、废气的扩散；固体废弃物按照规定的位置、方式和时间堆放与清运；明确严禁将各种固体、可燃液体等废物堆放于住宅垃圾道、楼道或者其他地方。

(5)装饰装修企业应当遵守施工安全操作规程，按照规定采取必要的安全防护和消防措施，不得擅自动用明火和进行焊接作业，保证作业人员和周围住房及财产的安全。

(6)室内装饰装修工程要求检测的装饰装修材料，应按规定做好材料抽样送检。使用的材料和设备必须符合国家标准，有质量检验合格证明和有中文标识的产品名称、规格、型号、生产厂厂名、厂址等。禁止使用国家明令淘汰的建筑装饰装修材料和设备。

(7)按照我国建设工程质量管理条例有关规定，装饰装修工程监理单位应做好和参与做好装饰装修工程各工序和各分项工程的自检、互检与交接检查，并做好检查记录。

(8)建筑装饰装修施工，必须接受质量安全监督机构对建筑装饰装修工程进行质量和安全监督。

3.5 验　收

根据建设部《建筑装饰装修管理规定》、《住宅室内装饰装修管理办法》和《住宅装饰装修工程施工规范》(GB 50327—2001)规定,装饰装修竣工后进入验收期内应遵守以下操作法规、规范:

(1)建筑装饰装修工程竣工后,必须经质量监督机构检查有关施工、监理资料,认证合格后,才能进行验收,未通过验收的,不得交付使用。

(2)建筑装饰装修工程竣工验收,必须按照建设部2002年3月1日颁布实施的《建筑装饰装修工程质量验收规范》(GB 50210—2001)进行。该规范总结了多年来建筑装饰装修工程在设计、材料、施工等方面的经验,按照"验评分离、强化验收、完善手段、过程控制"的方针编写修改制定,共分为13章,对抹灰工程、门窗工程、吊顶工程、隔墙工程、饰面工程、幕墙工程、涂饰工程、裱糊和细部工程等各分项、分部工程的主控项目验收标准、一般项目验收标准都有详细规定,是指导装饰装修工程施工、竣工验收的重要依据文件。

(3)室内环境污染物控制的验收,应按照《民用建筑工程室内环境污染控制规范》(GB 50325—2001)、《住宅装饰装修工程施工规范》(GB 50327—2001)进行,污染物验收控制标准见表3-3。装饰装修工程竣工后,空气质量应当符合表3-3中规定的国家质量标准。装修人可以委托有资格的检测单位对空气质量进行检测。检测不合格的,装饰装修企业应当返工,并由责任人承担相应损失。

(4)住宅室内装饰装修工程竣工后,装修人应当按照工程设计合同约定和相应的质量标准进行验收。验收合格后,装饰装修企业应当出具住宅室内装饰装修质量保修书。

(5)在正常使用条件下,住宅室内装饰装修工程的最低保修期限为2年,有防水要求的厨房、卫生间和外墙面的防渗漏为5年。保修期自住宅室内装饰装修工程竣工验收合格之日起计算。

(6)住宅室内装饰装修工程竣工后,装饰装修企业负责采购装饰装修材料及设备的,应当向业主提交说明书、设备保修单和环保说明书。

(7)物业管理单位应当按照装饰装修管理服务协议进行现场检查,对违反法律、法规和装饰装修管理服务协议的,应当要求装修人和装饰装修企业纠正,并将检查记录存档。

第 4 章　住宅空间室内设计

4.1　住宅空间室内设计概述

住宅空间的室内设计是与人们生活息息相关的事情，尤其是近年来，随着居民私人拥有住宅比例的提高，改善居住生活环境、美化居室空间已被越来越多的家庭所关注。

一个好的室内设计不仅使空间的使用更加有效，而且要符合美学规律，给人以视觉上的愉悦，同时为人们提供多种生活方式，为个性发展提供更为广阔的空间。在住宅空间室内设计中，创造空间的“实用价值”是进行设计的前提，任何设计手法都仅仅是让居住空间变得更加符合使用者要求，更加舒适宜人的手段。在设计时，还需要建立生态室内环境的理念，即节约地球资源，帮助社会实现生态的可持续发展。从绿色环保施工材料的选用，节水龙头、节水马桶的设置，到先进的垃圾处理和采暖方式等的运用，不仅会提高人们生活的质量与品质，还减少了施工和使用中的各种能源消耗，既满足了使用需求，又保护了自然的生态系统的动态平衡。因此，住宅空间的室内设计，不仅是“私人性”的，而且是“社会性”的行为，设计时应充分发挥室内设计的潜在作用，让设计成为引领人们健康生活的一面有力旗帜。

在我国商品住宅室内设计日益发展的今天，倡导住宅装修一次到位，体现集约化大生产的优势，实现住宅产业化；注重室内设计的个性化，同时倡导新型消费观念，为居住者提供多向选择的可能性；把自然引进室内，为居住者营造一个舒适、便捷、实用、健康的生活环境，已成为住宅室内设计未来的发展方向。

与此同时，由装修造成的对建筑结构的破坏、材料的浪费和装修扰民等的负面现象也凸现的较为明显。解决好室内设计与装修中存在的这些问题，一方面要积极推行住宅装修工业化生产，开发和推广新技术；另一方面也需要室内设计师提高自身的专业知识水平，从两方面共同努力，使住宅室内设计与装修满足社会发展的需求。

4.2　住宅空间室内设计的基本原则

在现代住宅空间的室内设计中，我们应遵循以下几个方面的基本原则：

(1)强调人性化设计，以实现居住者的需求为出发点。设计师要考虑以下因素：家庭人口构成(人数、成员之间关系、年龄、性别等)，民族和地区的传统、特点和宗教信仰，职业特点、工作性质和文化水平，业余爱好、生活方式和习惯、个人特征和品位，经济水平和消费投向的分配情况等。

设计与装饰应考虑使用者的需求，先满足住户的意愿爱好；再结合设计师的创新理念，与住户充分沟通，进行通盘考虑，融入室内的整体风格和造型之中——做到“先知其人，后设其居”。

（2）重视住宅设计的安全问题。在设计和施工中，不能损伤原有的结构构件，防止装饰物下坠，防止滑倒，栏杆牢固可靠，防止门窗夹手，避免装饰物的尖角、锋口的出现，电气设备安全可靠，无污染、绿色环保的装饰材料，符合安全疏散、防火、卫生等设计规范，必要的隔声要求等，确保安全，有利于住户的身心健康。还要特别指出，一些特殊人群，如老人、孩子和残疾人，在设计时要注重其生理和心理的特点；住宅中的楼梯、浴室等空间也要注意安全设计。

（3）空间组织丰富，功能布局合理。住宅室内空间作为建筑的内部空间，其结构划分已经确定。设计时应充分了解原建筑设计，不破坏和改变起支撑作用的墙、柱的基础上，本着使用方便、合理这样一个前提，对功能位置的分布（如起居室的多功能性的布局形式等）作出进一步的详细规划。还要有主有次、采用灵活的手法，营造出丰富的视觉空间层次。住宅户内功能分析如图 4-1 所示。

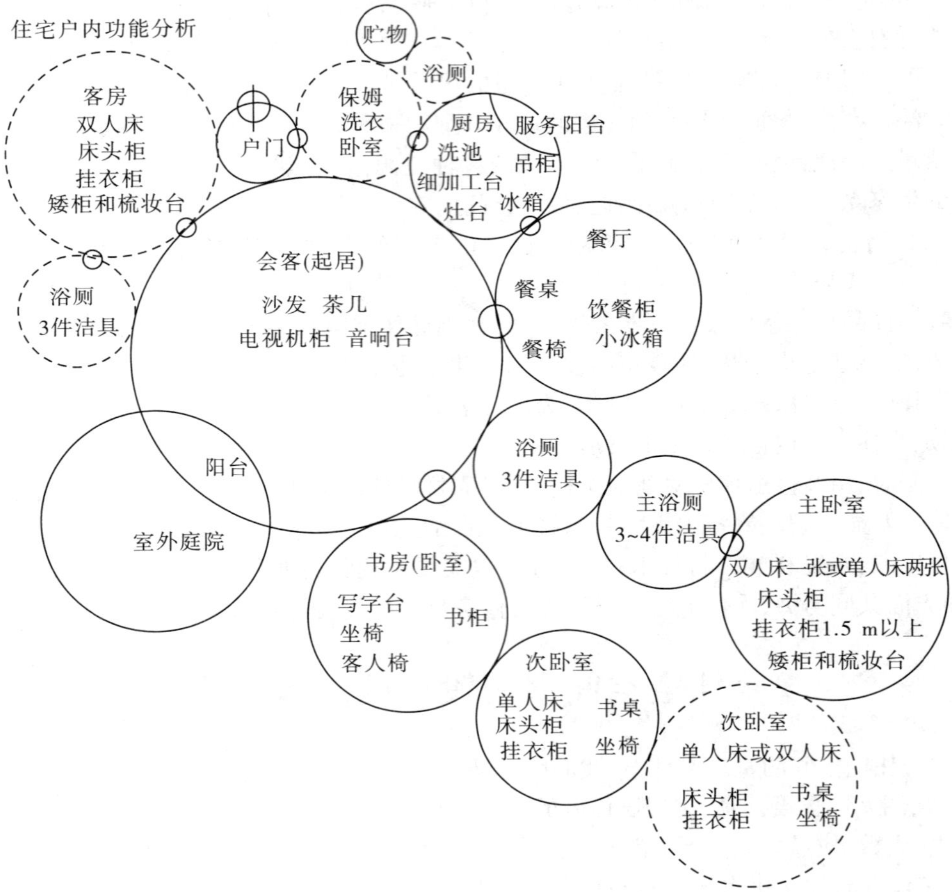

图 4-1　住宅户内功能分析

（4）整体风格协调统一，统盘构思。设计构思、立意，是室内设计的灵魂。在动手设计和装饰之前，要根据家庭的职业特点、爱好、人口组成等内容作出统盘考虑，即所谓的

“意在笔先”。先有一个总体的设想，再考虑地面、墙面、天花怎样装饰，买什么样子的家具、窗帘和陈设品。

(5)色彩、材质、照明和整体风格和谐。住宅室内的基本功能布局已定，又有了一个造型和艺术风格的总体构思，就可以讨论室内地面、墙面、顶面等各个界面的色彩和材质，确定家具和室内陈设品的色彩与材质。

(6)从可持续发展的宏观要求出发，考虑室内环境的节能，满足自然采光、通风等要求；利用合理的技术，满足人工采光、通风、采暖、空调等的基本要求，形成舒适的室内物理环境。

4.3 住宅空间的室内设计

住宅空间是构成家庭起居活动的“生活空间”，住宅不是饭店，也不是宾馆，住宅是满足人们睡眠、休息、饮食、盥洗、家庭团聚、会客、视听、娱乐以及学习、工作等基本功能需要的空间类型。《黄帝宅经》上说：“夫宅者，乃阴阳之枢纽，人伦之规模。”住宅空间的室内设计在一定程度上反映着人与建筑乃至人与自然的密切关系。

从建筑内部把握空间，注重空间功能布局的合理性、舒适性，是住宅室内设计的基本要求，也是美化与装饰住宅室内、创造良好的住宅生活环境的前提。

随着人们生活多样化的发展，住宅空间的性质也朝向多元化和细分化推进，从空间领域上主要分为私密空间、公共空间和过渡空间等。例如：满足睡眠、学习、工作等功能的卧室、书房、卫生间等，对私密性的要求较高；起居室、餐厅、厨房等空间提供起居活动、会客、娱乐、休闲等功能，是家庭成员共同生活的领域，是一个相对开放的活动空间；门厅、过道、楼梯等过渡空间在住宅中则是起到串联和补充空间的作用，是不可缺少的节点空间。

4.3.1 社交空间的设计

住宅室内的公共活动空间是以家庭公共需要为对象的综合活动场所，也往往是家庭生活和活动的中心。作为家庭成员共享、聚集的生活空间，一方面它是家庭生活聚集的中心，体现了和谐、融洽的家庭关系和温馨的家庭生活；另一方面它又是家庭与外界交际的场所，象征着友善与合作。尤其是作为家庭成员共同生活兼接待亲友联谊感情、日常聚会的领域，对家庭人员的身心健康、性格形成、素质的培养、创造力的发挥等都有深刻的影响。一般地，由于室内活动内容的不同如聚谈、视听、阅读、用餐、娱乐等群体活动，我们可以从空间的功能的需求上定义为门厅、起居室、餐厅、厨房等。需要注意的是，这些活动的特点和发生规律，在不同的家庭之间，由于不同的结构(例如人口组成和年龄)和特征(例如家庭的兴趣爱好)可能会导致很大的不同。

4.3.1.1 起居室的设计

现代起居室包含客厅和起居等功能，是家庭成员生活的主要区域，有较强的包容性。它既是家人起居活动、娱乐、休闲、聚会活动的场所，又是接待客人，对外交往的活动空间，在住宅建筑中是活动最为集中、使用频率也最高的核心室内空间。

1)起居室的功能与特点

起居室在空间上要满足家庭公共活动的多功能性要求,在视觉上具有彰显家庭特定性格,体现居住者的爱好、品位及个性、习惯等特点,构成了居室向外界展示家庭形象的窗口。

一般地起居室处于整个住宅的中央位置,接近主入口,并且自然光线良好,能透过窗户较好地享受室外清新的自然美景,感受到视觉和空间效果上的舒适与伸展,如图 4-2 所示。此外,由于受建筑和户型的制约,也有一些起居室位于背阴的一面,在设计中更需要特别的关注。

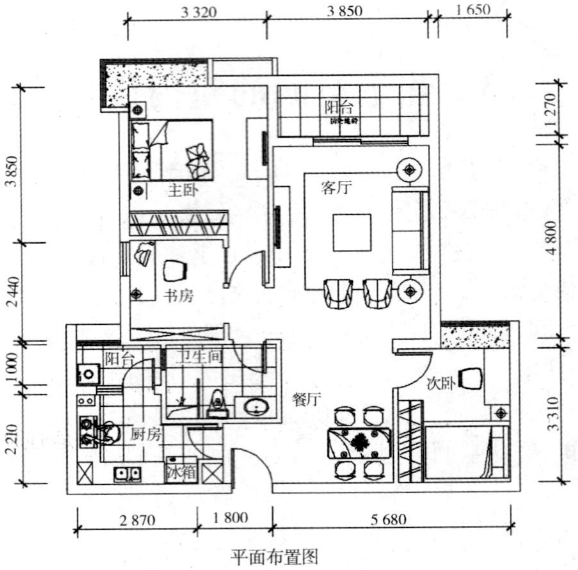

图 4-2　住宅平面布置图

2)起居室的布局原则

起居室是一个家庭的重点,承担着"家"的多重角色的使命,是住宅设计中必须要强化和重视的空间区域,保证起居室合理的位置安排,有利于人的生理与心理的健康。

传统设计中,起居室以中轴线对称布局,往往通过一组沙发或座椅的巧妙围合形成一个适宜交流的场所,各种活动围绕视听空间展开,营造一种亲切而热烈的家庭氛围,从而突出它的中心位置。

现代住宅中,起居空间的设计突破传统的局限,在设计手法、布局方式上也更多变化,围绕其多功能性的特征,取而代之以主座位区为核心,多利用弹性分隔,围绕主座区设置一些灵活自由的家具与陈设,从而构成不同的空间区域,如阅读、休闲等空间。设计手法以自然流畅的空间感为主,使人与空间浑然天成。为了达到一个理想的空间环境效果,必须做到以下几点:

首先,起居室的设计要主次分明。在起居室设计时必须围绕一个中心区域展开,利用家具、陈设、绿化、照明来凸现中心主题,从而营造一个秩序井然的公共空间。

其次,起居室的交通流线要合理、顺畅,避免出现斜穿。作为家庭的交通枢纽,起居室与住宅的其他空间密切相连,使用也较频繁。为保证起居室的完整和安定性不受较大的影响，合理的布局显得尤为重要。家具的陈设以及门户的开启位置直接决定起居室动线是否合理、舒适。

再次，要维护起居室空间的相对隐蔽性。一般起居室与门厅、餐厅和厨房相连，需作一定的分隔设计，保持起居室的完整性和相对私密的性质。当开门时，没有限制的设施，使整个起居室在视线下一览无余；而在就餐时，如果客厅也有行为活动，那么两者会形成相互的干扰，从而影响生活情绪。适当地做出空间和视线的隔断，可以增加起居室的安定感，满足人们对生活的心理需求。

最后，还要保障起居室有良好的通风、采光和防尘。起居室不仅是家庭的形象展示和交通枢纽，而且它也是影响家庭成员心理和生理健康的重要场所。有效地利用自然光，防止外界灰尘的进入，营造一个清新、洁净的室内空间，为人们的生活创造一个舒适卫生的起居环境，如图 4-3 所示。

图 4-3　现代简洁的起居室设计

3）起居室的具体设计方法

一个好的起居室设计来源于其空间的各个元素，从顶棚到地面，从整体色彩、照明到家具、陈设的点缀，无一不体现着设计者的良苦用心。

（1）起居室空间设计。对于空间面积较大的起居室，在设计的时候要注意合理地分割空间。通过巧妙的隔断，创造丰富而又充满秩序的空间类型。照明上要考虑起居室多功能性使用的目的，设置互相结合的整体照明和局部照明；还可设置调光装置，根据不同功能的需要，进行适当的调节，创造出更富层次、生动微妙的空间效果。起居室的灯饰风格应与建筑和室内环境相协调。适当地安置一些绿化植物，既为室内增添了几分绿意和自然气息，更多了空间的亲切感，又可以赋予独特的气质和性格。

小空间的起居室，则应以“简洁、实用”为最根本的设计原则，使用统一而简约的设计手法。家具的陈设方式以集中布置为主，减少顶部和墙面装饰；在家具和色彩的选用上，宜选择尺寸合适的家具，色彩要单纯，避免杂乱的干扰，凸现良好的空间性能要求。灯光需明亮、清爽怡人。地面和墙面尽可能地使用浅色材料，这样能增加室内的光亮度和空间感。

(2)起居室界面、材质、色彩设计。起居室的顶棚由于多受到住宅建筑层高的限制，顶部造型多以简洁的形式为主，不宜设置吊灯及灯槽；其照明设置分为整体照明和局部照明两种，通常以吸顶灯或内嵌式发光器为主光源，辅以点、线式照明，从而丰富空间层次，满足不同功能的需要。

起居室地面材质的选择比较丰富多样，可用石材、地砖、地板、地毯等多种材料进行铺装。使用时应对材料的色彩、肌理进行合理选择，既可以统一使用单纯的材质，也可用不同材质之间的对比取得变化。

墙面的设计是起居室装饰的重点，它的位置是视线集中的地方，对整个室内设计的风格、式样及色调起着决定性作用，其风格也就是整个居室的风格。起居室墙面的装饰设计最重要的是从居住者的兴趣、喜好出发，体现主人的智慧，从而表现不同家庭的风格特点与个性。设计时应先从整体出发，考虑室内空间、门窗位置以及光线的配置，色彩的搭配和处理等诸多因素。然后，将墙面装饰围绕一个主要立面进行重点装饰，作为衬托其他设计的背景，以集中视线，表现家庭的个性及主人的爱好。墙面造型应简洁，色彩以明快的颜色为主，这样可以突出空间的明亮开阔。

(3)起居室家具、陈设与绿化的选择。家具、陈设和绿化是影响起居室风格与特点的关键因素。在现代室内设计中，装饰的风格和手法多种多样，如有欧式、中式、古典、现代之分。不同风格的设计对家具的造型、材料、工艺和陈设种类的选择也各不相同。在欧式风格中，高贵、典雅、舒适、浪漫与简约、美观、大方的家具及雕塑、金银、油画等陈设在室内设计中起着主导地位；在中式风格中，木制家具和陶瓷、书画、盆景等陈设品构成了中式风格的主题；古典风格则是以制作精美、雍容华贵的家具和典雅、古典的油画与精巧华丽的餐具、烛台陈设艺术品突显出来；而现代风格的起居室设计以色彩明快、淡雅、形式简约的家具式样和色彩鲜艳，讲求反差、夸张的室内陈设艺术品来表现，如图4-4所示。

图4-4　不同风格的起居室设计

家具、陈设与绿化位置的摆放也是非常重要的，按照起居室布置的一般规律，结合其使用与美化的功能，适当地安排家具、陈设艺术品和绿化，使其既发挥使用、展示、美化环境的功能，又能使它们处于一个合适的位置。

另外，背阴的起居室，由于所处方位和开窗的原因，光线一般不是很好，遇到阴雨天气，更是灰暗一片。营造出一个明亮、适宜、完善的室内环境，让昏暗的背阴空间变得明亮起来，设计在此时的作用尤为重要。

4.3.1.2 餐厅的设计

餐厅在住宅中是一个提供人们日常就餐兼具与亲友欢宴的地方。传统上对进餐环境和用餐方式都有一定的讲究，在今天的观念中，餐厅作为生活质量的反映，更强调就餐环境以及气氛的营造。

1）餐厅的功能及特点

餐厅是一家人日常进餐并兼作宴请亲朋的活动空间，在现代住宅空间里它往往与客厅和厨房联系紧密，这样处理，既延伸了起居空间，丰富了空间层次，又便于日常使用。

2）餐厅的具体设计方法

餐厅可以单独设置，也可以与厨房、客厅联合设置成开放式或半独立的区位，如图4-5所示。在现代设计中强调餐厅有别于其他功能的厅室，所蕴涵的气质要轻松活泼一些，注意营造温馨幽雅的环境和气氛，以满足家庭成员的聚合心理。设计时除注重家具的选择与摆放外，还强调灯光的调节和色彩的运用。

图4-5 餐厨合一的厨房设计

在色彩设计上，餐厅的色彩会对就餐时的心理产生较大的影响。墙面色彩应以明朗轻快的色调为主，不仅给人温馨的感觉，还会促进人们之间的情感交流，活跃就餐的气氛。也可以利用餐厅中的灯光变化，装饰物如桌布、花卉、地板、窗帘等恰当的选择，以产生不同的情调，如图4-6所示。

餐厅墙面的装饰手法多种多样，在设计时，应从建筑内部把握空间，根据空间的性质、所处位置及个人喜好，因地制宜。较之其他的空间，餐厅的地面在材料的选择上可以更加丰富，有石材、地砖、地板等，地面图案的样式也有更多的发挥，均衡的、对称的、不规则的等，材料的种类和图案的形式应根据设计的总体需要进行选择，同时考虑便于清洁。

餐桌是餐厅的主要家具，也是影响就餐气氛的关键因素之一。餐厅用椅有与餐桌配套的，也有单独购置组合的，两者皆可。选择款式可根据各自的喜好确定，关键在造型、尺度及坐感的舒适度上，大小应和空间比例相协调。另外，餐橱的形式有单体式、嵌墙式之分，具有陈列、展示和隔断的功能，可与餐桌、餐椅配套设计，也可独立购置。

在灯光的处理上，餐厅顶部的吊灯或吸顶灯属于餐厅的主光源，利用灯具布置的不同

图 4-6 色调明快的餐厅

形式创造气氛,形成雅致的视觉中心;借助顶部造型的变化丰富餐厅环境,使顶部与餐桌、墙面、地面形成一定的呼应,突出它的向心感和就餐的环境氛围。

4.3.2 工作空间的设计

住宅中维持日常生活的需要,包括食品的存放和制作,衣服的保养和缝纫,住房的修缮和设备的储藏等的区域可以被称为支持区域,因为这些区域维系着家庭成员生活中食品的补给,并支持着其生活方式的形成发展。必然地,这些区域就有着大量的劳动和工作产生,因此我们也把这些空间叫做工作空间。在设计工作空间时,对工作任务和执行这些任务的人要加以考虑。

4.3.2.1 厨房的设计

出于家庭生活一日三餐的需要,厨房是住宅中重要的不可忽视的组成部分。现代家庭里,厨房的设计质量与设计风格,也会影响到住宅的室内设计风格。现代厨房设施一般都由专业的厂商提供整体设计,拥有齐全的功能和完善的设备,保证合理的布局、基本的操作空间和丰富的储藏空间是现代厨房最基本的要求,也是设计时必须注意的问题。

1)厨房的功能及特点

厨房的功能可分为服务功能、装饰功能和兼容功能三大方面。其中:服务功能是厨房的主要功能,是用来对食物储藏、准备、洗涤、加工、配切和烹调的地方;装饰功能是指厨房设计效果对整个室内设计风格的补充、完善作用;兼容功能主要包括可能发生的洗衣、就餐等活动。如此繁多的活动,要求在厨房设计中依活动流线,对设备和家具进行合理的布局,以此来节省家务活动时间,提高劳动效率。

2)厨房设计的基本原则

厨房设计应首重实用,注意合理布置储藏、清洗、加工、烹饪等的基本设备的位置,充分考虑人体工程学中对人体尺度的要求,管线布置注重技巧性。

厨房里的布局是顺着食品的贮存准备、清洗和烹调这一操作过程安排的,我们通常以冰箱、水槽和炉灶来代表这三个工作中心。这三个工作中心之间的连线所构成的三角形,就是我们所说的“工作三角”。从理论上讲,该三角形的周长越小,则人们在厨房中工作的劳动强度和时间消耗就越小。一般来说,当工作三角周长大于 6 700 mm 时,厨房就不太好用了，较为合适的数字，是控制在 3 500 ~ 6 000 mm。

通常厨房工作区的规划大致可以分以下几种，如图 4-7 所示。

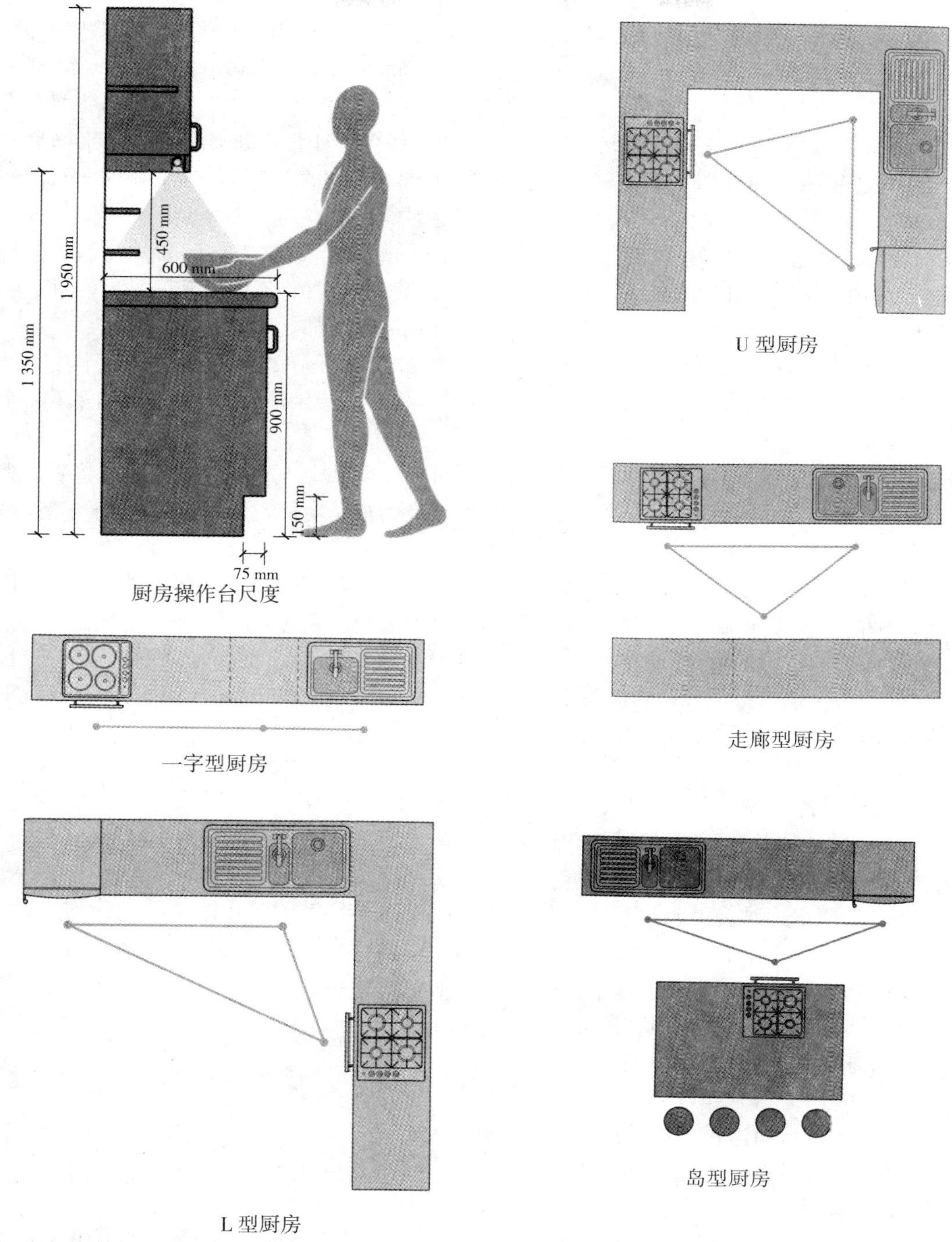

图 4-7　厨房的类型

一字型厨房:把所有的工作区都安排在一面墙上,通常在空间不大、走廊狭窄情况下采用。所有工作都在一条直线上完成,节省空间。但工作台不宜太长,否则易降低效率。在不妨碍通道的情况下,可安排一块能伸缩调整或可折叠的面板,以备不时之需。

L型厨房:将清洗、配膳与烹调三大工作中心,依次配置于相互连接的L型墙壁空间,使水槽、冰箱和炊具连成一个正三角形。最好不要将L型的一面设计过长,以免降低工作效率,这种空间运用比较普遍、经济。

U型厨房:工作区共有两处转角,和L型的功用大致相同,空间要求较大。水槽最好放在U型底部,并将配膳区和烹饪区分设两旁,U型之间的距离以120~150 cm为宜,使三角形总长、总和在有效范围内,此设计可增加更多的收藏空间。

走廊型厨房:较宽敞的厨房,则可沿两面墙布置成走廊型,将工作区安排在两边平行线上,这种布局可容几个人同时操作。在工作中心分配上,常将清洁区和配膳区安排在一起,而烹调独居一处。如有足够空间,餐桌可安排在房间尾部。

岛型厨房:岛型的厨房设计,在西方国家非常普遍,即是在厨房中间摆置一个独立的料理台或工作台,家人和朋友可在料理台上共同准备餐点或闲话家常,由于厨房多了一个料理台,所以岛型的厨房需要较大的空间。

变化型厨房:根据四种基本形态演变而成,可依空间及个人喜好有所创新。将厨台独立为岛型,是一款新颖而别致的设计;在适当的地方增加了台面设计,灵活运用于早餐、烫衣服、插花、调酒等。

厨房的照明灯光可分成两个层次:一个是对整个厨房的照明,一个是对洗涤、准备、操作的照明,光源必须是显色性较好的白色,否则影响颜色判断。

厨房装饰材料的选择,应本着色彩素雅、表面光洁、易于清洗的原则。地面宜用防滑、易于清洗的陶瓷块材;顶面、墙面宜选用防火、抗热、易于清洗的材料,如釉面瓷砖、拉丝不锈钢墙面、铝板吊顶等。

3)厨房设计指南

(1)交通路线避开工作三角;

(2)工作区域配置必要的器具和设施;

(3)厨房位于儿童游戏活动附近;

(4)从厨房远眺有美丽的景致;

(5)每个工作中心都有插座;

(6)每个工作中心都设置底柜和壁柜,以便储藏各类物品;

(7)无影和无眩光的照明,并集中在工作台面;

(8)通风良好;

(9)炉灶和冰箱要隔一个橱柜;

(10)工作台面连贯,避免缝隙、坑洼和突出部分;

(11)选择材料时注意耐磨耐热型、防尘和油渍、清洁方便等方面的特点。

4.3.2.2 其他工作空间

厨房是住宅中最重要的工作服务区域,在面积较小的住宅和公寓里,厨房可能是唯一的工作区域。但是在较为宽敞的别墅或度假屋中,通常人们根据家庭的具体需要来安排辅助区域，其中可能包括洗涤、缝纫、园艺等区域。

洗涤工作包括收集、分类和准备—洗涤—干燥—收拾熨烫这些步骤，我们在具体的空间设计中，需要一个长 1 800 mm 的工作台面，一些洗衣盆、洗衣机以及存储洗涤用品的储藏空间，利用烘干机或在阳台、庭院里晒干以及室内滴干的装置，以及一个 900 mm × 1 500 mm 的折叠台面、烫斗、烫衣板。在小型住宅中，洗烫空间可能降至最低，压缩到厨房或储藏室或生活阳台。

如果空间容许，可以在住宅里面或庭院中、阳台上设置园艺空间，尽情享受园艺的乐趣。其包括下列设施：经久耐用的、便于清洁的台面，设置可以用水管冲洗地面；存放花瓶、罐子、土壤、肥料和工具的橱柜；浇水和洗手的水槽；孕育植物的专业照明灯等，如图 4-8所示。

图 4-8　其他工作空间

4.3.3　私密性空间的设计

这里所说的私密性空间是指以家庭成员独自进行的私密行为的空间类型。它充分考虑人的个人行为和活动需要，是家庭成员之间既能保持独立、互相尊重，又能融洽共处的基础。私密性空间的特点是具有大多数人普遍的需要，同时又凸现出个体感受的差异性。它是针对个人的特殊需要，根据性别、年龄、性格、喜好等个别因素而设计的空间，我们按照私密程度的高低（视觉、听觉），分为卧室、卫生间和书房等。

4.3.3.1　**卧室的设计**

卧室是住宅空间中最具私密性的房间，有着极强的自主性要求。单纯的卧室是作为人们睡眠休息的场所，是一个完全私人化的空间，是人们彻底休息、放松的自在之地，有时也是个人思考的地方。

1）卧室的特点及设计要求

人的一生大约有 1/3 的时间是在睡眠中度过的，良好的睡眠是人们工作、学习、生活的基本前提，也是身心健康的保证。卧室的设计应在满足睡眠功能、充分考虑人的个性需要，营造一个温馨、舒适、和谐、亲切、含蓄、恬静的空间氛围。随着住宅空间的内涵不断地扩大，今天的卧室也往往兼有多种功能，可分为睡眠区、储藏区、学习区和休闲区等功能区。

通常，卧室因居住对象的不同，每个卧室的从属性也明确而固定，可分为主卧室和次卧室两大类，而次卧室又分为子女卧室、老人卧室和客人卧室等。

主卧室是房屋主人的私人领地，有着高度的私密性和排他性要求，它既要满足夫妻双方的共同需要，又要顾及双方的个性需求。在使用上，要满足睡眠、休息、更衣、梳妆、盥洗、储藏等多种综合功能。

子女卧室是子女成长过程中最私密的空间。子女房间与主卧室最大的区别就在于设计上要保持相当程度的灵活性，要充分考虑和照顾到子女的性别、性格、年龄阶段和心理等特定的个性因素。

“中老年时期”是对睡眠要求最多的时期，这一阶段的人最重视睡眠质量，老人卧室设计主要满足睡眠和贮物功能，设计以实用为主。

客人卧室，是给客人临时居住的私密空间，需要有较强的独立性。

卧室设计最基本的原则是要满足使用者的休息与睡眠功能，确保睡眠空间的私密性和完整性，使人们获得较高的睡眠质量。为此，一定要保证卧室拥有良好的采光，防止噪声，使用淡雅的色彩搭配，在触觉上使用手感温暖、易清洗的材料。同时，确保室内的空气流通，使室内拥有良好的空气质量。

卧室在空间布局上围绕以床位为视觉中心，其他区域合理展开规划。色彩设计上，必须要有一个主色调，以淡雅、温馨的暖色系列为好，辅以灯光和材料来协调。同时，根据使用者不同的年龄、个性和爱好等，营造出或温馨柔和、或优雅独特、或简洁明快、或典雅又不失浪漫的卧室情调。一般地，卧室地面宜用木地板、地毯等软性材料铺装；墙面可用乳胶漆、墙纸、墙布或软包装饰，这些材料具有较好的舒适性能，给人一种亲切、温暖的感受；卧室顶棚照明多用暖暖的黄色光为基调，光线宜自然、柔和，顶部造型应简洁。卧室面积较小时，不宜放置过多家具，如图 4-9 所示。

2）不同类型的卧室设计要点

（1）主卧室。在主卧室风格表现上，整体风格要庄重典雅又不乏轻松浪漫，既能体现主人的个性和喜好、品位和生活情趣，又能在某种程度上与其他居室空间保持一致性，取得相互呼应的效果。主卧室的布局设计，可分为睡眠区、储藏区、梳妆更衣区等。睡眠区从床位和卧具的设置上又可分为“共享型”和“独立型”两种模式。设计时要根据卧室主人的生活习惯和生活需要，合适地选择“共享型”双人床，或保持适当距离、避免相互干扰的“独立型”单人对床。储藏区多指衣柜和衣橱等，如果主卧室内有专门储藏区，可设计成步入式储藏间或衣帽间，内部用嵌入式壁柜或敞开式隔架即可。在空间条件允许的情况下，可以把更衣与储藏功能相结合，这样既有效利用了空间又方便了使用。梳妆更衣区一般设置在临窗或自然采光良好的位置，照明要在两侧设置辅助光，以便让脸部清晰可见。更衣要求匀质的光从人的上前方照亮，以便在镜子中得到一个清晰的图像。主卧室内的休闲区，在临窗角隅，利用一两张座椅便构成一个可以读书学习和品茶放松的区域，一来突出了它的实用性，二来也反映出主人的生活情趣。有的主卧室洗漱卫生区是专用的，设计时注意保持卫生间使用的便利性和卫生清洁，可以相对独立隐蔽为一间，也可以结合气候特点，利用开敞通透的隔断围合，增加卧室的空间感和开敞性。主卧室整体的色彩搭配要轻松、单纯、沉稳而不浮躁，利用色彩的心理效应，创造出宁静、舒适、和谐、愉悦的氛围。主卧室的墙面材料以选用带有图案或肌理的壁纸或壁布较为理想，图案的色彩和肌理不宜复杂，宜表现宁静、祥和的气氛。浅淡的彩色涂料也可。照明设计在灯光处理上光线要朦胧而柔和，以期给卧室增添温和、静谧的气氛；除顶部的整体照明外，在床头和

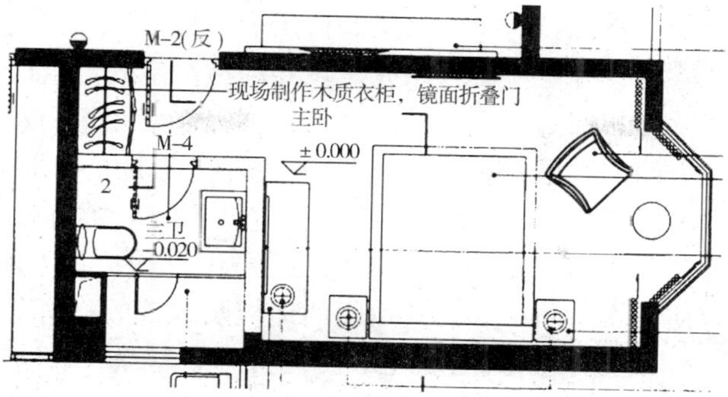

卧室平面布局

图 4-9 卧室设计

墙壁上，安装造型风格与整体环境相协调的台灯、壁灯或落地灯等作为辅助照明，增加室内的氛围，营造优美的格调。

（2）儿童卧室。儿童是特殊的群体，富有幻想和好奇心，好动、贪玩，心智和行为上还处于稚气阶段。儿童卧室在家具与陈设设计上，首先家具尺度要合理，布局上要少而精，家具应尽量设计圆角，功能齐全的组合家具是理想的选择。根据人体工程学原理，选择适合孩子年龄阶段和形体特征的家什，如书桌和椅子的高低、柜子的高矮等。家具的摆放注意安全、合理，另外，除家具外还应留有供儿童玩耍的活动空间。其次，陈设品是儿童卧室必不可少的物品，如壁挂装饰等。适当的装饰不仅可以启发儿童的想象、增加他们的动手能力，还能丰富卧室空间的效果，更添许多生气。由于儿童的心理特征，对颜色的感受也非常敏感，所以儿童房间地面、墙面和家具的色调应做到统一中有变化，窗帘也宜选择色彩亮丽、富有生机的图案面料。儿童卧室照明，必须有一定的高度，使儿童无法直接接触为宜。开关、插座应注意安全防护。儿童房间的地板及墙壁的材料必须柔软、牢固和易于清洗。地面一般采用木地板或耐磨的复合地板，也可铺上柔软的地毯或具弹性的橡胶地面。墙面可以采用儿童墙纸或墙布以体现童趣，还可用耐清洗的彩色涂料；儿童卧室的睡眠区也可设计成日式，榻榻米加席梦思床垫，既安全又舒适，如图 4-10 所示。

图 4-10　儿童卧室设计

（3）青少年卧室。青少年是人一生当中成长最迅速的时期，在身体和心理上已近成熟，有自己独立的思想，最大的特点是精力充沛，善于思考。在这一时期，学习知识、接受教育是他们最大的任务，此时，卧室成为其学习、休息、睡眠、思考和独自处理一些事务的“秘密空间”。青少年卧室设计要突出个性，可根据年龄、性别、性格的不同，在满足房间基本功能的基础上，留下更多更大的自主空间，使他们可将自己喜爱的物件，随自我喜好任意地摆放或取消，如图 4-11 所示。

（4）老年人卧室。老年人最大的特点是健康状况开始下降，心态归于平和而宽容；喜欢安静，偏重纯净和沉稳的色彩，多睡眠。这也是和他们的生理与心理需要随着年龄的变化而分不开的。在家具造型和尺度设计上要充分考虑老年人使用的特点，卧具和座椅要舒适、合理、简洁、大方。卧室所用材料既要能保温、隔音、美观，又要追求触觉的舒适感。老人卧室与走廊的连接处应避免地面高差，卧室尽可能地争取充足、良好的日照以保证卫生条件；室内照明应以明亮为主，稍亮一些可以驱除老人易产生的孤独感。在空间较为宽松的情况下，适当地布置一些富有生机的绿色植物，可以调节室内的温度、湿度，使室内空气清新自然，同时也可以修身养性。老人室内色彩宜选用庄重、简洁的色调，装饰不宜过多，力求室内设计风格的统一，为老人创造一个益于身心健康，亲切、舒适的室内环境。

（5）客人卧室。客人卧室设计不宜复杂，应具备基本的生活条件，即有床、衣柜及小

图 4-11　更多自主空间的青少年卧室设计

型陈列台等，但都应小型化，而且家具造型要简单，室内色彩应清爽。

4.3.3.2　卫生间的设计

卫生间是家庭人员进行洗浴、处理个人卫生的场所，具有较强的私密性要求，设计时不仅要适合盥洗、方便、沐浴等基本活动，还要兼顾洗衣等家务活动的进行。现代住宅中通常家庭至少有一个公用卫生间，住宅空间面积较大的还会有主卫乃至客卫。

1）卫生间的功能及特点

卫生间是一个集多样设备和多种功能于一体的空间类型，主要包含盥洗室和卫生区，设计时坚持以方便使用为原则，把使用频率最高的放在最方便的位置。卫生间的平面布局应紧凑合理，色调依每个人的喜好而定。为保证室内环境的整洁，室内各界面材质应选用具有较好的防潮、防水性能的材料；地面要防滑，易于清洁，常用材料有陶瓷类地砖等；墙面为防水涂料或瓷质面砖；顶棚应选用以防潮、遮掩功能为主的铝合金板或硬质塑胶材料；洁具尺寸选择，追求合理、合适；电路安全第一；采光需要明亮、均匀的光线，创造一个洁净、舒适的空间，如图 4-12 所示。

图 4-12　多功能卫生间设计

2)卫生间设计的具体原则

盥洗室：通常，盥洗室的空间较小，设计应侧重简单和实用。设计内容主要有化妆镜、面池、小吊柜和地柜等。洗漱台前需有侧射光对脸部的照明，主光源宜安装于镜面上方。

卫生区：卫生区在平面布置上，应根据空间大小，购置相应的洁具以及其他卫生设备；其次，应该考虑到坐厕一般与洗浴处相连，要尽量避免使用过程中有冲突发生；家有老人的卫生间，坐厕还应考虑老人的使用特点。

浴室的设计基本上以方便、安全、易于清洗及美观得体为主。由于卫生间水汽很重，防水是一个关键问题，内部装饰材料必须以良好的防水性能为宜，在空间条件许可的情况下应做适当的干湿分离。

在传统观念中，浴室只是洗浴的地方，而今天随着人们生活质量的改善，它已经成为享受生活的重要内容。新概念的卫浴设计从狭窄、局促的卫生空间中游离出来，发展成为公共空间或私密空间的一个组成部分，与起居室或卧室形成有机的一体，强调一种时尚的人文卫浴理念，探索卫浴生活的灵性空间。洗浴时追求精神的体验与卫浴生活的人文尊崇，是新型卫浴文化的内涵，如图4-13所示。

图4-13　个性化卫生间设计

4.3.3.3　书房的设计

书房是供家庭成员读书、学习、工作、私谈的场所，也是收藏书籍的地方，属于住宅空间中精神层次的需求，对空间的私密性要求较高。

1)书房的功能及特点

书房作为以读书、学习和工作为主的活动空间，有时也兼具会客、私谈和休息的功能，对采光、防止噪声、通风等环境要求较高。在空间布局上，要相对独立地划分出书写、电脑操作、藏书以及谈话、小憩的区域，同时注意营造书香与艺术氛围，以适合于书房平静、雅致的学习环境。

书房在住宅空间里，大致分成三种类型：封闭型、开敞型和兼顾型。它可以是独立完整的房间，也可以是与其他空间紧密相连的半围合的空间类型，或是完全开敞的区域。处理好书房与其他空间的关系十分重要，需要设计时作出适当的调整和布置，如图 4-14 所示。

图 4-14　兼顾型书房设计

2）*书房的具体设计方法*

书房在空间布置上以家具来做划分，主要的家具有写字台、书架、书柜、座椅或沙发等。书架或书柜的放置并没有一定的准则，一般都是选择靠整面墙的空间放置。入墙式或吊柜式书架，对于空间的利用较好，半身的书架，靠墙放置时，空出的上半部分墙壁可以配合壁画等饰品；落地式的大书架摆满书后的隔音性能较好。书房设计对于照明和采光的要求很高，写字台最好放在自然光线充足的窗边，台灯和书柜用射灯必不可少。一来方便夜间阅读和遇到阴雨天时，能得到较好的光线补充；再者，书柜射灯便于查找书籍。书房的家具在选择时，除重视它的造型、质量和色彩外，必须考虑到家具要适应人的活动范围，符合人体工程学的基本要求。按照我国正常人体生理测算，写字台高度应为 720 mm 左右，考虑到腿部在桌子下面的活动区域，要求桌下净高不少于 580 mm。座椅应与写字台配套，高度适中，柔软舒适，最好是转椅，以方便人的活动需求。如将书房作为工作室，工作台尺寸大小要考虑到职业需要选择适合的。兼作会客室使用时，家具还需增加休息椅或沙发，沙发宜软宜低些，使双腿可以自由伸展，以求高度舒适，消除久坐后的疲劳感。

书房的色彩应当取柔和色调的色彩装饰。在书房内养植具有观赏性和净化空气的植物，则更赏心悦目，增加书房的雅致情趣。

“静”对于书房来讲是十分必要的，因为人在安静的环境中工作效率要高得多。所以，在书房设计时要选用那些隔音、吸音效果好的装饰材料，以阻隔窗外的噪声，创造出一个供人们阅读时所需要的安静、宁谧的环境，如图 4-15 所示。

4.3.4　过渡空间

住宅室内往往由门厅、走道和楼梯等构成空间的过渡或以之将室内空间联系为一个有机的整体。

4.3.4.1　门厅的设计

住宅空间的门厅，通常是联系室外与室内空间的中介，是“场”与“场”之间转换的节

图 4-15　典雅的书房设计

点，是进入室内空间的铺陈，是含蓄的转折而非直接“登堂入室”。

1）门厅的功能及特点

门厅的说法源自日本，又称斗室、过厅、玄关，通常门厅在住宅中所占的面积不大，但使用频率却较高，它是进出居室的必经之路，是人在进入居室之后的一个心理缓冲区域，也是人们进出家门时更衣、换鞋，以及整理装束的过渡空间。作为一个家所呈现给人的第一印象空间，门厅的设计直接反映出主人的审美与品位，同时具有展示、实用和过渡的特点。

2）门厅的具体设计方法

门厅作为居室的门户，是一个“家”给人的缩影，在现代住宅门厅设计中其功能大致可分为三点：一是收纳性，二是隔挡作用，三是凸显主人生活格调。

门厅空间一般较为狭窄，远离自然采光窗口，通常在此摆设的家具有鞋柜和衣帽架等，其家具造型受空间的制约，以简洁、庄重、大方的形态为宜。常规的隔断有：通透式的玻璃隔断，既能分隔大空间又能保持大空间的完整性和良好的采光；格栅围屏式的木作屏，能借助屏风分隔区域和划分区域，产生通透与隐隔的互补作用；半敞半隐式，功能性与含蓄的性格并具，能起到很好的穿透和划分空间的作用；利用组合家具的半隔断式，既有较好的使用性又能起到隔断的作用。通过采用通透设计往往可以减少空间的压抑感并改善昏暗的采光状况。

门厅地面，常用方便清洁、颜色较深的石材或陶瓷地砖铺设；地面装饰，多以几何形图案出现，有引申和暗示的含义。如果空间较小，光线不强，地面材料最好选用清淡明亮的色彩；如果门厅够宽敞，也可以选用相对丰富而深暗的颜色，但切忌在这个局促的空间堆砌过多的色彩和图案。

门厅的照明要创造出明亮、温馨、恬然、静谧而热情的气氛，使人一踏进家门，便觉得投入了家庭的怀抱而精神焕然。灯具的造型要与整体室内风格协调，位置要考虑安置在进门处和深入室内的交界处，这样可避免进门时人脸上出现阴影，如图 4-16 所示。

4.3.4.2 走道及楼梯的设计

走道和楼梯是为满足室内空间之间的穿行需要而设置的特殊区域，它是联系平面与平面空间及平面与立面空间交通的公共区域，是组织空间秩序的有效手段，具有实用与艺术欣赏的双重意义。

1）走道及楼梯的功能及特点

走道在住宅室内空间中功能相对比较单一，是联系房间、门厅的通道，作为通过、穿越的交通空间，具有引导和暗示的作用。从房间的联系考虑，走道的宽度应满足人的通行和搬运家具的需要。

楼梯在室内空间中的功能是作为垂直交通来用，通常宽度应不小于 750 mm，踏步的高度一般在 150 ~ 180 mm，栏杆的高度在 900 mm 以上，在空间的处理方式上有着特殊的造型和装饰作用，室内设计的重点在于依室内空间的尺度来选择楼梯的类型，如图 4-17 所示。

图 4-16　门厅的设计

图 4-17　走道及楼梯的设计

2）走道及楼梯的类型及设计

走道形式上大致分为一字形、L 形和 T 字形，性质上大致分为外廊、单侧廊和中间廊。一字形的走廊方向感强、简洁、直接，L 形走廊含蓄、迂回，富于变化，T 字形走廊具有空间通透、视觉变化大的特点。具体设计时应从走廊的几个界面：顶棚、地面、墙面上进行装饰。顶棚照明由于没有特殊的照度要求，常采用顶灯或墙体壁灯仅作排列布置，充分考虑光影形成的韵律变化，消除走道的单调和沉闷的气氛，创造生动的视觉效果，不做过多的形式变化以避免累赘。走道地面由于几乎完全裸露的特点，在材质选用上应兼顾到其他空间(如起居室、卧室、卫生间等)的地面材料变化,注意地面的视觉效果,防止噪声,以保持空间的独立性。作为走道空间主角的墙面,其装饰应符合人的视觉观赏上的生理需要,一方面可以从界面上进行包装装饰,另一方面从艺术形式上进行装点美化,如装饰挂画等。一方面它反映设计者的艺术修养和专业素质,另一方面应与其他空间的设计协调。

楼梯的样式在住宅中大致有几种:楼梯从形式上分有直梯、弧形梯、旋梯等;从材质上分有全木楼梯、全钢楼梯、钢木楼梯、铁木楼梯、钢玻楼梯、大理石楼梯等。直梯最常见也最为简单,几何线条,方向感强,中间均有平台。"一字形"直梯行走最方便、通畅,但占空间面积也最大;弧形梯以曲线来实现上下楼的连接,可依空间变化出多种形状,款式美观,没有直梯生硬的拐角,行走起来比较舒服,但占用面积较大;旋梯对空间的占用最小,盘旋而上的曲线优美、动人,但不方便老人、小孩和上下搬运物品使用。全木制楼梯具有舒适、亲切的特点;全钢、钢木和钢玻楼梯时尚、另类;大理石楼梯冷峻、有距离感。在住宅室内设计中楼梯的形式是由空间的尺度、层高来决定的,无论选择哪一种类型的楼梯都应考虑方便行走、节约空间。

4.3.5 其他

4.3.5.1 储藏空间

生活离不开庞杂的细节,在住宅空间中留有一定的储藏空间是非常必要和不可缺少的,它是容纳琐碎生活的一个容器,是保证室内整洁、避免杂乱无章的关键所在。在现代室内设计中对储藏空间进行合理的设计,提高空间的使用效率,注意挖掘现有空间的潜力,充分利用易被忽视的空间,如墙角处、楼梯下面、走廊顶端等显得尤为重要。

对储藏间的设计应分析、归纳其条理性与合理性,注意储存的时间、地点、位置的安排,从使用上应方便存取,形式上应根据储存空间类型的特点,如封闭型和敞开型,讲究形式和材质的选用,配合照明灯光的布置,创造一个实用、美观的储藏空间。

4.3.5.2 绿化

居室内的绿化包括室内绿化和阳台绿化,它基于人自身生命活力的需要,也是构成现代文明和家庭良好气氛的一个显著特征,反映了人们对大自然充满向往、渴望亲近自然、企望重归大自然绿色怀抱的美好愿望,也是快节奏下现代人的心理和生理的需求。居室绿化能够营造出居室空间的美感,又能将外界的自然生机移入室内环境,从而弥补了住宅居室远离大自然的缺陷与不足,起到了丰富空间效果、安慰心理、调整景观的作用,具有很强的装饰性和观赏性。

一般来说,设计居室绿化时应考虑花卉的色彩、植物的形态、气味等对室内的影响,在不同的空间有不同的要求,如在起居室中可以依墙、沙发等处放置大型的植物或色彩浓烈的插花,但绿化布置不宜过多,要有重点。餐厅绿化设计应着重考虑视线的位置,从可欣赏性的角度选择,一般最佳的视觉效果是距离地面约 2 m 的视线位置放置植物,餐厅插花以鲜花为宜。书房应选配清香淡雅、颜色明亮的花卉,注意绿化不要分散注意力。卧室的绿化应体现房间的空间感和舒适感,注意绿化与整体的协调,把握其与人的动静关系,把它置于人的视域的合适位置。门厅和走廊的绿化,适宜用小型的植物或悬吊植物作装饰。阳台的绿化不宜栽种体形较大的花木,可以栽种一些观果植物、观花植物和小观叶植物等，可根据自己的喜好来选择，一方面为生活增加了趣味性，另一方面可以调节居室的小气候，获得优美的空间环境。

总之，住宅空间的室内设计是一个系统的工程，同时要妥善考虑多个方面的因素，最终才能营造一个理想的居室环境。

4.4 设计实例

4.4.1 别墅室内设计

此别墅设计是为一家三代五口人的家庭设计的，业主是位具有国外生活经历的成功商人。因此，选择简欧风格，打造出业主所需的现代、大气、豪华的室内氛围。别墅室内设计实例见图 4-18 ~ 图 4-26。

4.4.2 小户型住宅设计

这个小户型设计是由加拿大设计师 L. Mc. Comber 提供的一个设计方案。这本是一间开放式的小户型家居，因为业主需要建立一个新生婴儿的房间，所以他们为业主在新生婴儿床的上面设计了这个悬浮房间。屋主夫妻睡在上面，而婴儿房就在下面，独特的设计不仅仅节省了空间，也尽显时尚美观的精巧（见图 4-27 ~ 图 4-30）。

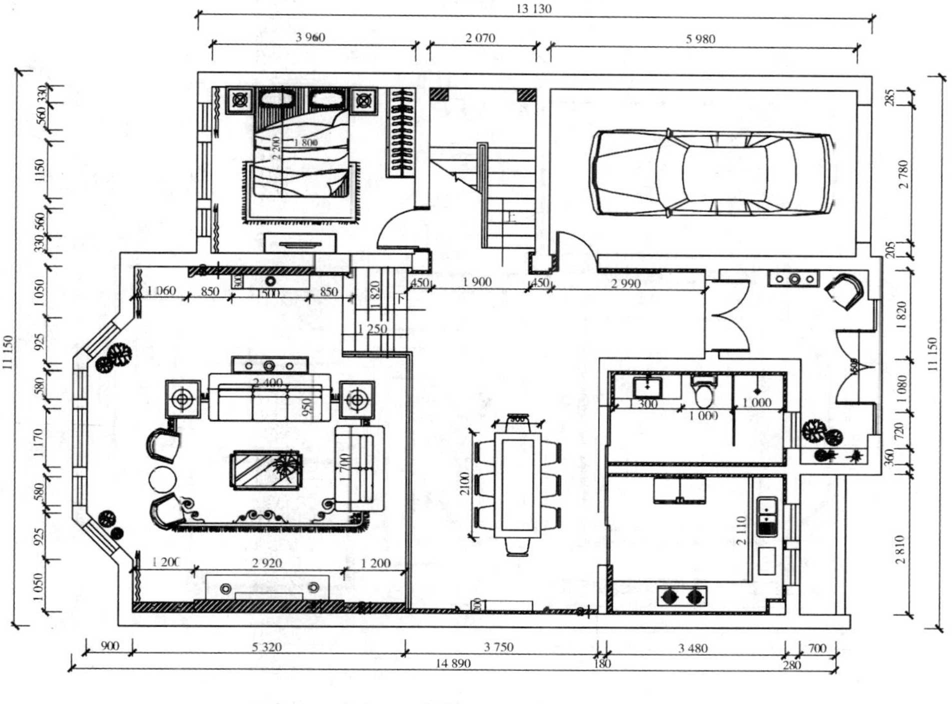

图 4-18 一层平面布置图 （单位：mm）

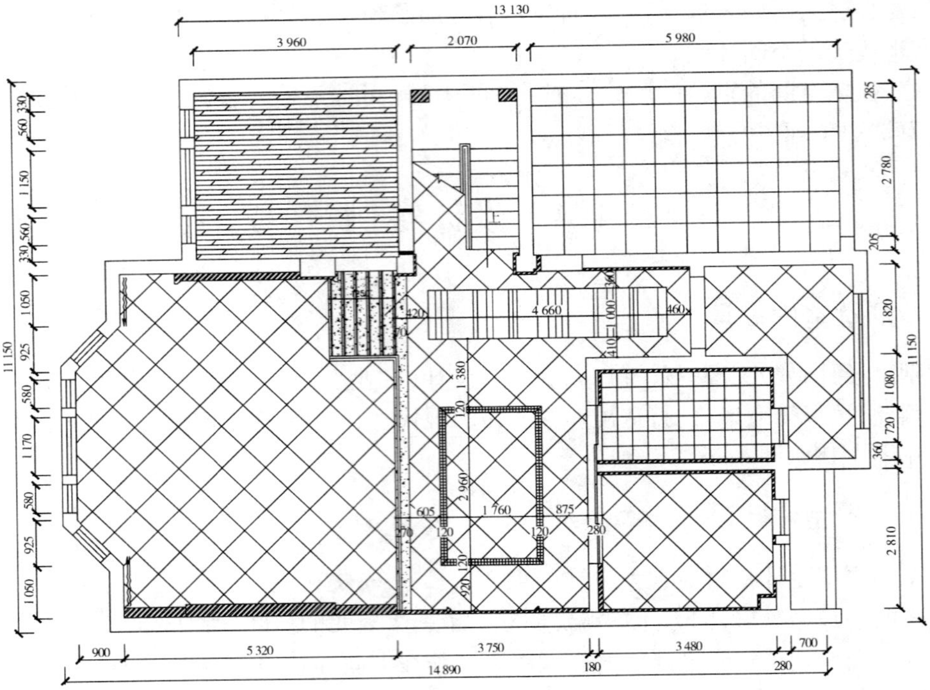

图 4-19　一层地面铺装图　（单位:mm）

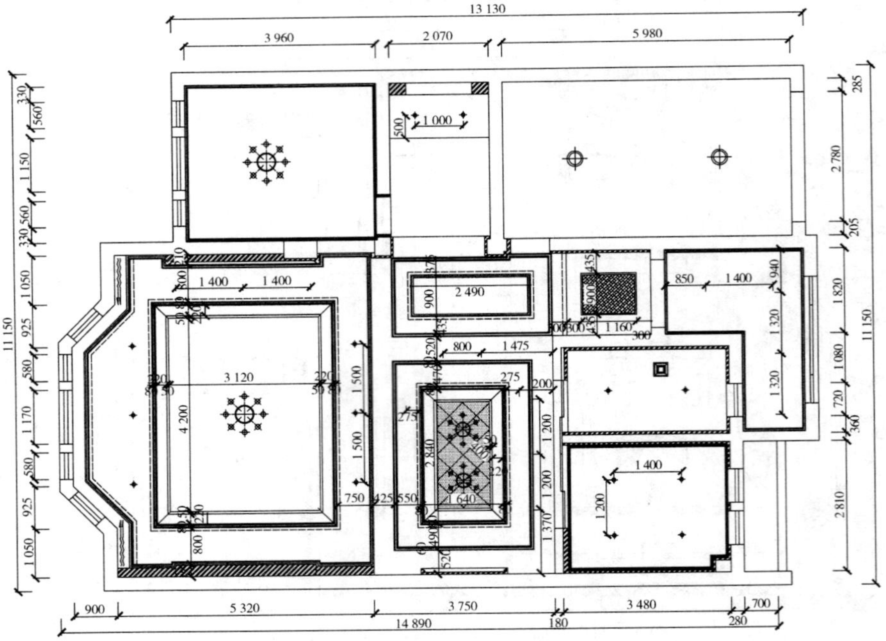

图 4-20　一层天花布置图　（单位:mm）

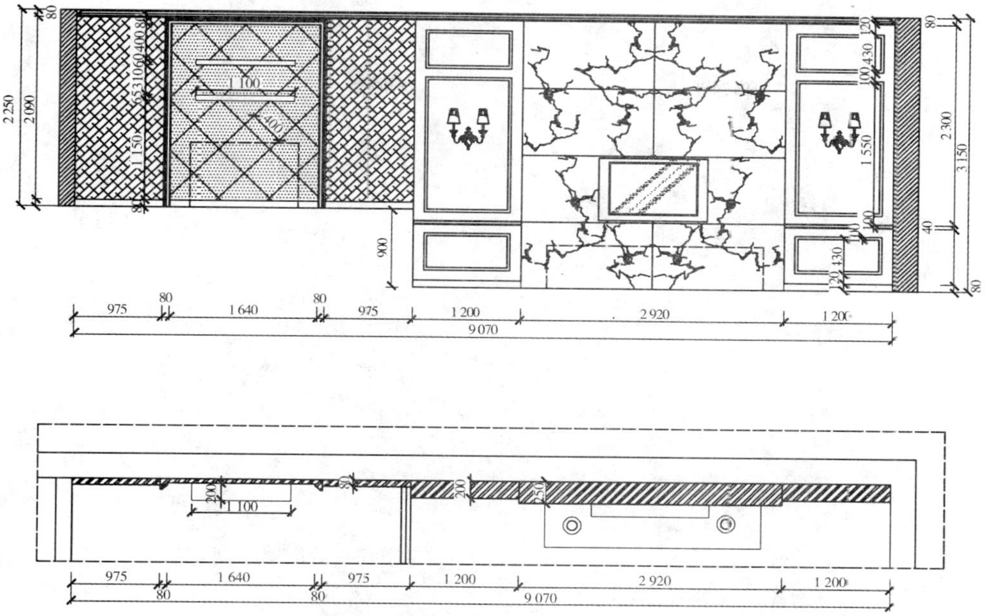

图 4-21　电视背景墙立面图　（单位:mm）

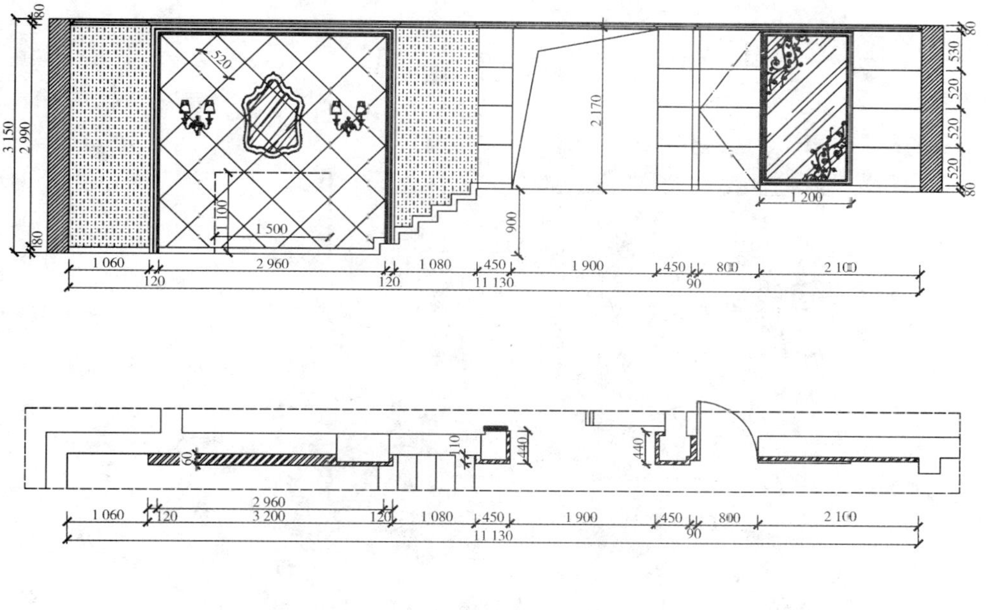

图 4-22　沙发背景墙立面图　（单位:mm）

图 4-23　入口

图 4-24　起居室

图 4-25　起居室全景

图 4-26　餐厅

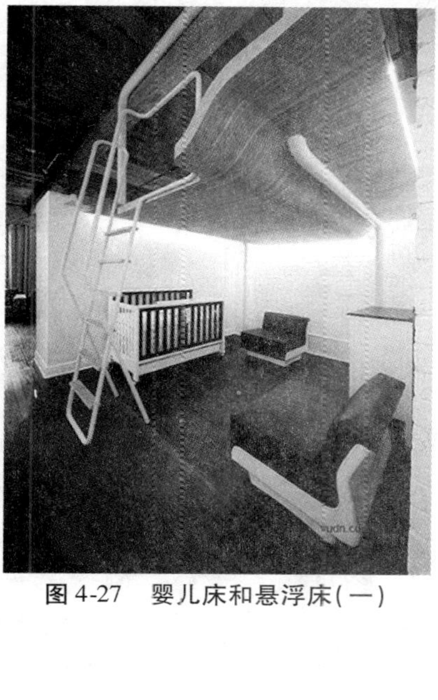

图 4-27　婴儿床和悬浮床(一)

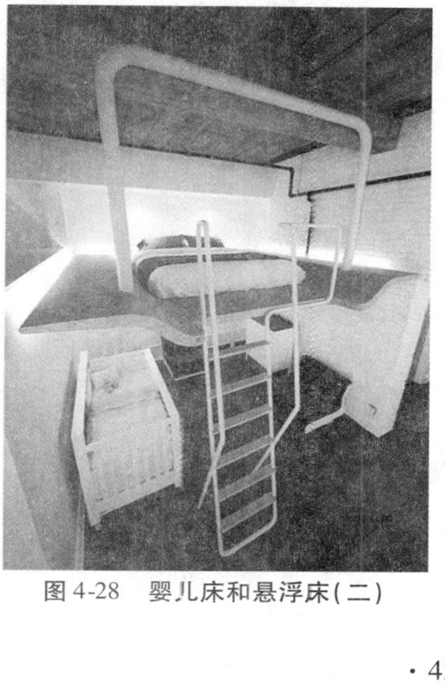

图 4-28　婴儿床和悬浮床(二)

图 4-29　厨房

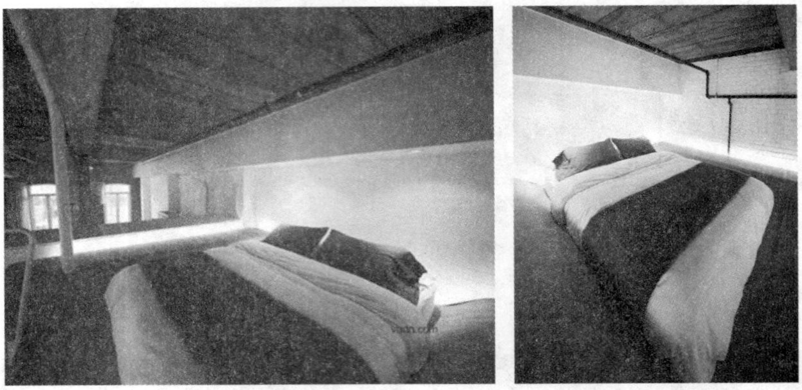

图 4-30　悬浮床

第 5 章　商业购物空间室内设计

5.1　商业购物空间概述

5.1.1　商业购物空间的概念

商业购物空间泛指为人们日常购物提供商业活动的各种空间、场所，其中最有代表性的应为各类商场、商店。在当今社会经济和中国城市化快速发展的进程中，人们的生活方式、消费观念和行为都发生了相应的变化。现代商业购物空间已经成为城市中最具活力的地方，已经成为融汇购物、休闲、娱乐、社交等活动的场所，其概念也被赋予了更丰富的内涵。良好的购物环境可以提供人们了解时尚信息，提高人们在舒适消遣、愉悦中购物的兴趣和机会，同时满足人们对于物质生活和精神文化的双重需要，如图 5-1 所示。

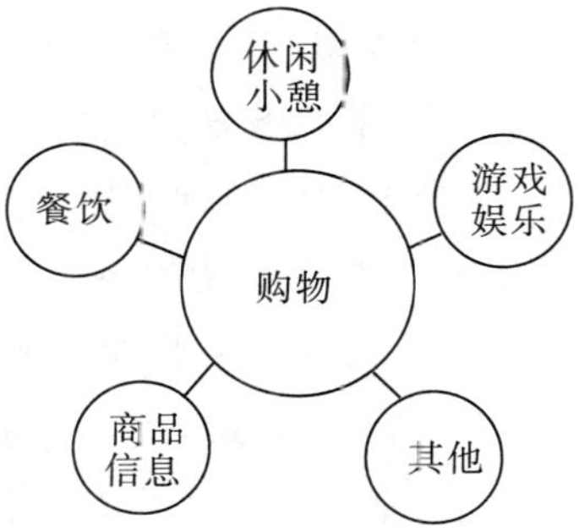

图 5-1　综合性商业空间功能构成

5.1.2　消费者的购物心理

了解消费者的购物心理与商业环境行为特点，对于建立以人为本的环境设计理念和创新设计有积极的意义。

5.1.2.1　购物心理过程

消费者在购物时一般要经过认知过程、情感过程和意志过程三个阶段，如图 5-2 所示。

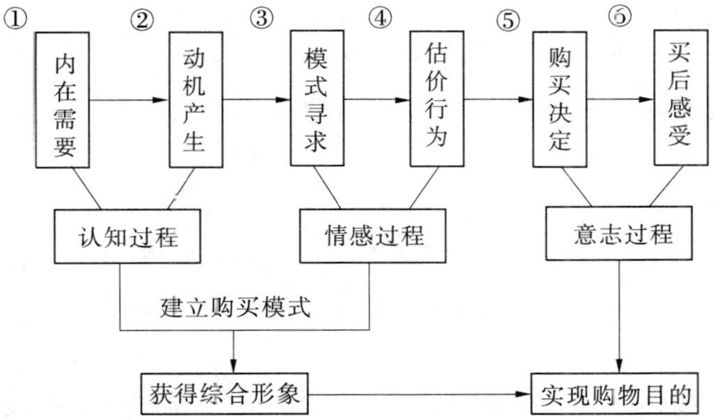

图 5-2　消费者的购物心理过程

5.1.2.2 购物行为方式

消费者购物行为方式可分为主动性购买和被动性购买两种基本类。

1)主动性购买(计划性购买)

(1)目标十分明确的购买行为。这种购买行为,有明确的购买目的,对商品品种、价格、购买地点等十分明确,没有其他消费目的,来去直接。这种购买,有的是专程完成的,有的是在上下班或其他行为过程中计划完成的。

(2)目标比较明确的购买行为。这种购买行为,计划明确但目标没有确定,对商品的品牌、价格等因素需货比三家,才能确定需要哪种商品。商场可供选择的商品越多,对这类顾客的吸引越大。这类购买,商品价格或价值越高,选择过程越长,有的经过多次观察、比较,有的是专程购买。

2)被动性购买(诱导性购物)

(1)有购物的想法和欲望,没有具体的目标和计划,对去商业场所闲逛持积极态度,经过主观或客观诱导,产生购物行为。

(2)根本没有购物的想法和欲望,去商业场所是被动的,陪朋友或家人进行的,经过客观诱导,也可能产生购物行为。

被动购物行为表现为无一定目标,行动无规律,受购物环境中的各种因素影响,才能形成购买行动。这种购物者在购物时,有比较多的自由和闲暇时间,在满足购物消费的同时,还要求满足在优美、舒适的环境中欣赏、评价、游乐等多种要求。计划性购物者,在购物的过程中也会因为受到客观环境的诱导,产生诱导性购物行为。

商业经营者和商业建筑设计工作者,都应针对以上两类消费的行为方式,创造能够满足购物者欣赏、游乐等行为活动的,优美舒适的,有趣的商业空间环境,尽量留住第一类顾客,争取第二类顾客。

5.1.2.3 现代购物行为特点

1)普遍性

现代生活内容的广泛,扩展了人对商品的需求面,购物活动已从主要由家庭主妇承担变为几乎所有人都难以避免的日常生活内容,使得这一行为更具有广泛而丰富的社会特征。

2)激发性

发达的商品生产与商业竞争,以商品与销售手段的不断革新、变换来吸引顾客,刺激购买,引导更多的购物活动从“所需购买”向“激发购买”转化。

3)体验性与游乐性

生活水平的提高,使人从单纯的物质需要向广泛的精神需要发展,要求购物活动中能够有更多的享受与体验,使得购物空间更多地与游乐、文化、休闲相结合。

5.1.3 商业购物空间的分类

5.1.3.1 按建筑规模划分

1)购物中心

购物中心起源于美国,开始发展于第二次世界大战后,是汽车时代和现代交通路网发展的产物。

购物中心由一家或几家大中型商场加若干各类商业店铺及其他商业空间和配套设施组成,集中在一幢或几幢大的建筑中,组合形式不是条形分布,而是以块面为主,可以称为复合建筑类型。购物中心包括各类购物场所,如百货商场、超级市场、专卖店,还包括餐饮店、银行、游乐场、康体健身房、彩扩店、游戏厅、小影视厅、画廊等,是集购物、美食、休闲、娱乐为一体的现代都市生活城。有些面积达 10 万 ~50 万 m^2,与国内的商业街和大型商品交易市场类似,属于商业集聚组织形态(见图 5-3)。

图 5-3 台湾京华购物中心

2)百货商场、超级市场

传统百货商场主要经营中、低档商品,以满足工薪阶层的需求,销售形式主要以闭架的柜台展示为主。随着连锁商店、超级市场等大批新兴大众化商店的出现,百货商店的价格优势消失了,不得不调整其经营路线,目标顾客逐渐转向收入较高的中产阶级,售货方式也逐渐由封闭转向开敞(见图 5-4)。

图 5-4 韩国乐天百货

超级市场也叫自选市场,指的是综合成本较低,薄利多销,采取自助方式购物的商店。销售品种多以食品、副食品和生活用品为主,满足顾客日常生活所需。超级市场的出入口分设,结算由设在出入口的收银机统一进行。从规模上讲,分为大、中、小型,即从 100 m^2 的便利店到 400 ~2 500 m^2 的大型超级市场。美国超级市场的营业面积大多在 2 000 m^2 左右,至今 10 000 m^2 以上的超级市场已不鲜见(见图 5-5)。

图 5-5　超级市场

3）专卖店

我国传统商业中的老字号专卖店由来已久，比如“瑞福祥”、“荣宝斋”、“同仁堂”，都是百年老店。目前在许多大中城市国外的著名品牌专卖店都已登台亮相，这些专卖店的共同特征是商品具有较高的质量和享有较高的声誉，室内装饰采用统一的装饰风格和标准色，有固定的企业 CI（Corporate Ideatity）形象策划。规模多为几十平方米到几百平方米，少数也有上千平方米（见图 5-6）。

图 5-6　专卖店

我国的商业建筑规模分为大、中、小三类，如表 5-1 所示。

表 5-1　商业建筑规模分类　（单位：m^2）

规模	分类	
	百货商场、商场建筑面积	专业商店建筑面积
大型	>1 500	>1 500
中型	3 000～1 500	1 000～5 000
小型	<3 000	<1 000

5.1.3.2 按经营方式划分

1）完全开架的商场

这种摆卖商品的方式是最方便顾客、最有人情味的，特点是商品分类摆放，最大限度地增加顾客与商品近距离接触的机会，加之服务人员的随时服务，回答顾客问题，通常会有利于促销。目前，许多商店在经营中常采用开架方式，自选商场商品全部为开架。

2）完全闭架的商场

这种方式已经不是商场销售的主流，在各大商场所占比例也正逐步减少甚至全部消除。但一些特殊的商品闭架销售还在采用。一些高档类商品或不宜由顾客直接选购的商品，如珠宝、金银首饰、药品等。但货架的设计要注意通透，观看角度尽量大，光线充足，有助于衬托商品的价值及便于看清细部。

3）开闭架结合的商场

上述两种销售方式在一个商场或一个大型综合商场的某一局部结合使用较为常见，也是比较合理的销售方式。这种方式对于系列化设计的商品较为有效。如某品牌的服装开架摆放，而将一些饰品，如皮带、胸针、领带等用玻璃柜展放，一方面便于销售，另一方面也能体现价值及陈列效果。

5.1.4 商业购物空间设计与经营策划和目标定位

5.1.4.1 经营策划与经营模式

优秀的商业环境设计得益于综合知识的运用。设计师在设计前期了解经营策划、经营模式方面的信息和知识是必要的。经营策划与室内购物环境设计的关系密不可分。经营策划是设计构思的起点，设计又是经营策划的体现和延伸。通过经营策划与室内设计，创造出功能合理与空间形式美感结合的购物环境，以聚集人气，吸引更多的顾客，产生更多的商业利润。比如，百货商场中，不同地域和国家商业环境的整体风格和商品展示道具的整体风格存在着较明显的差异，导致这种差异风格的主要原因是经营方式的不同。从整体看，西方零售业的特点是专业化、集团化，商场统一选择品牌和采购商品，而以日、韩及中国为代表的东方国家在经营模式上采取引厂进店、联合经营的思路。前者由于有统一供货，商业道具由商场统一设计制作，风格整体较统一；后者商业环境和道具由厂家自行设计装饰，商场整体风格色彩纷呈，表现为多元化的面貌。

5.1.4.2 商场的目标定位

现代市场营销的一个重要观念是市场的细分化、再细分化的过程。商业空间的前期经营策划阶段，都会对自己商场的目标顾客进行定位。通过研究他们的心理、喜好、品位、购物习惯等特点，确定商场环境的设计形式（包括企业 CI 形象）、档次等。一个企业不可能同时满足所有层次顾客的需求，在市场不断完善、竞争日益加剧的过程中，只有满足目标顾客的特有需求，才能设计出有特色的商业环境，才有繁荣发展的希望。

比较常见的对消费者特征定位方法，可从以下几方面考虑：

一是以年龄为主要目标的定位；

二是以性别为主要目标的定位；

三是以消费水平为主要目标的定位。

5.2 商业购物空间室内规划与设计

5.2.1 商场的总平面设计

室内设计涉及到与建筑设计的衔接问题,在此简要地介绍一下在设计商业建筑时应考虑的一些要点及相关的技术规范。

(1)大中型商业建筑基地应选择在城市商业地区或城市主要道路的适宜位置。应认真分析各种设施之间的功能关系,合理安排其在基地中的位置。

(2)商业建筑的总平面设计应合理组织顾客流线,员工、货运路线,与城市交通之间的关系,避免相互干扰;尽量使顾客进出便捷,合理安排购物流线,并考虑防火安全疏散措施和残疾人方便通行。

(3)大中型商业建筑应有不少于两个面的出入口与城市道路相邻接,或基地应有不少于1/4的周边总长度和建筑物不少于两个出入口与一边城市道路相邻接。在建筑物背面或侧面,应设置净宽度不小于4 m的运输道路和消防道路。基地与城市道路关系如图5-7所示。

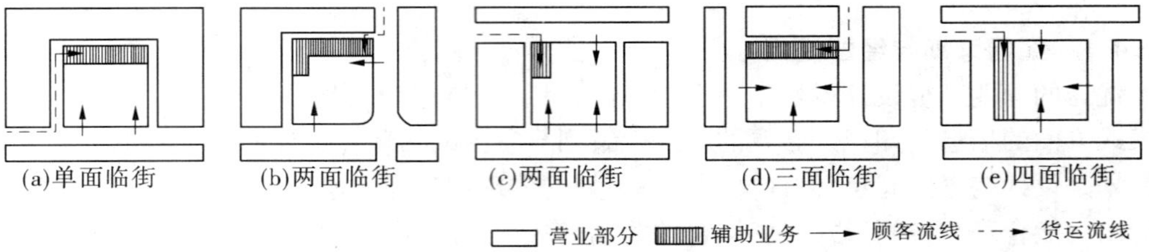

图5-7　基地与城市道路的关系

(4)商业建筑的主要出入口前,应按当地规划及有关部门要求,设置相应规模的机动车和非机动车停车场。有关商业建筑中各种功能空间的基本关系如图5-8所示。

5.2.2 营业厅室内设计

营业厅是商业购物空间的主体,也是室内设计工作的重点。在设计之初,应对建筑现状及重要条件充分研究,增强对建筑的理解。如营业厅面积的控制、柱网布置、层高、主要出入口位置以及垂直交通的位置等。在充分考虑建筑现有结构形式的条件下克服某些不足之处,发挥室内设计的主观能动性和创造性。使室内环境与建筑很好地融合在一起。

5.2.2.1 营业厅的空间形式与流线设计

营业厅的空间形式决定了商场的总体效果和气氛,应根据不同空间条件使用不同的手法进行空间设计和界面处理。空间的统一性与秩序性、开敞与流动、尺度序列、趣味等美学规律和手法,都是室内设计师面对各种建筑空间形态需要充分领会和把握的。

一般营业厅常见空间形式如图5-9所示。

流线设计的要求如下:

(1)流线设计应能保证从最佳角度展示商品,使顾客浏览、选购商品避免死角,并能

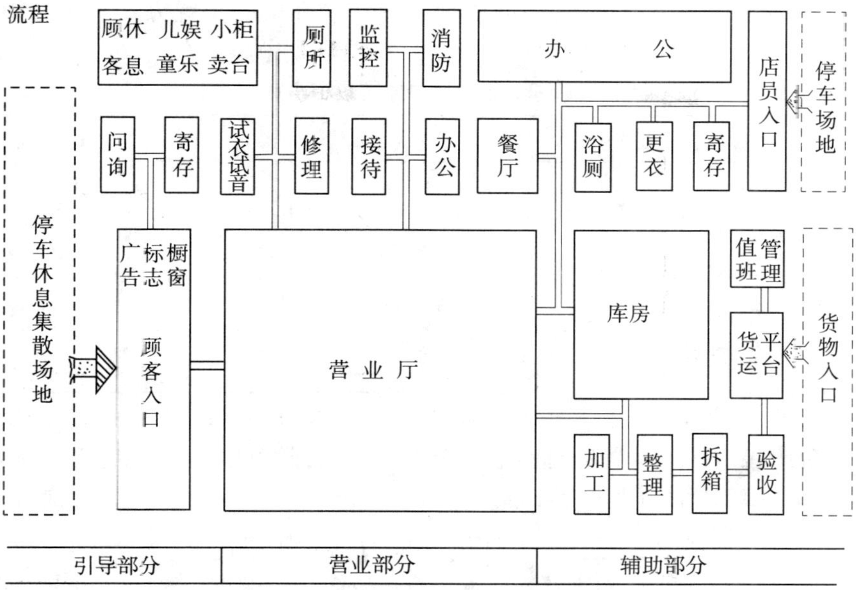

图 5-8　大中型商场功能流程图

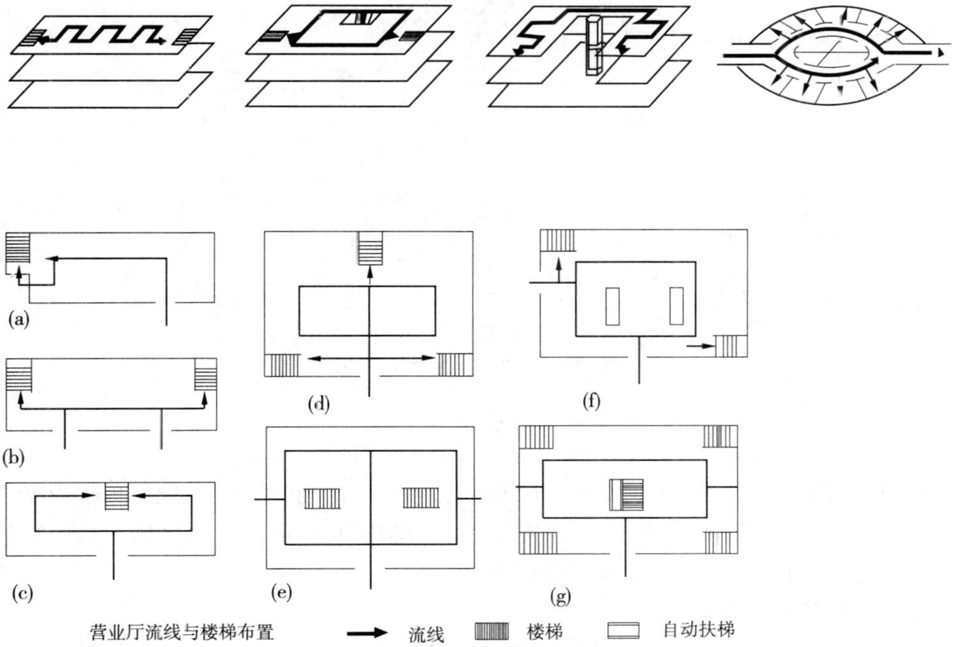

图 5-9　营业厅空间形式与流线

迅速、安全疏散人流。商场出入口位置、数量和宽度以及通道和楼梯的数量、宽度，首先均应满足防火安全疏散的要求(每 100 人疏散宽度按 0.65 ~ 1.00 m 计)。

(2)较大型的营业厅水平流线应区分主要通道和次要通道，区分通道和购货区。通道在满足防火安全疏散的前提下，还应根据客观流量和柜面布置方式确定最小净宽（见表 5-2）。

表 5-2　营业厅内通道最小净宽

通道设置	最小净宽（m）
仅一侧有柜台	2.20
两侧均有柜台：	
柜台长度均大于 7.05 m	2.20
柜台长度均为 7.05 ~ 15.0 m	3.70
柜台长度均大于 15.0 m	4.00

（3）柜台或售货区的设置应自然形成合理的环路，避免尽端走回头路，为顾客提供明确的流动方向和购物目标（见图 5-10）。

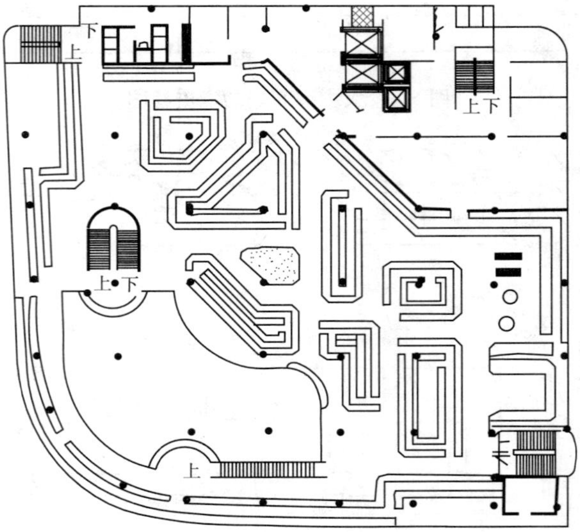

图 5-10　某商场平面图

（4）所有流线必须和各层中的重点交通工具如电梯、自动扶梯、楼梯形成便利和明确的关系，使水平流线迅速地和垂直交通接近，使各楼层间形成自然的通道，并在连接处适当留有停留面积，以利于顾客停留、周转。

5.2.2.2　营业厅的柱网

营业厅柱网尺寸多是以闭架销售方式的两个柜台组之间相对的尺寸为基础设定的，避免将柱子暴露在顾客通道中，以免阻碍交通和遮挡视线（见图 5-11）。

其中 W 为柱距，标准货架宽度为 4 500 mm，店员通道宽为 900 mm，标准柜台宽度为 600 mm，购物顾客宽度为 450 mm，行走顾客宽度为 600 mm，N 为行走顾客人流股数，当 $N=2$ 时通道净宽取 2.1 m。

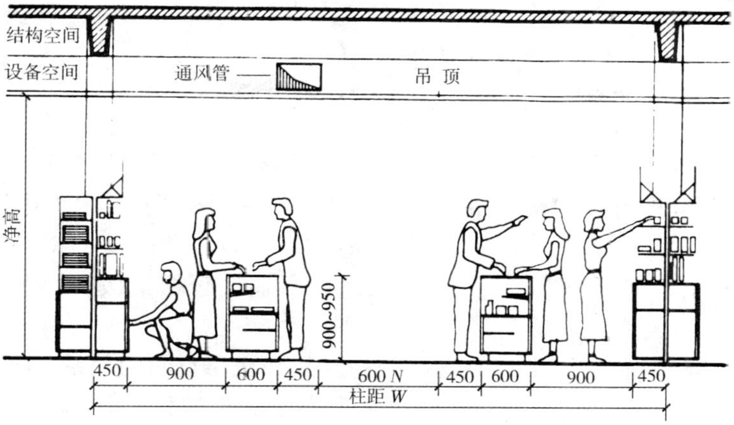

图 5-11　营业厅柱网

柱距 W 计算参考公式：$W=2\times(450+900+600+450)+600N$（$N$ 大于或等于 2）

5.2.3　营业厅室内环境总体设计要求

（1）设计风格。应根据商场的经营性质、建筑形态外观、顾客构成、业主的要求和实际意图来确定，并通过视觉策划和系统设计创造出销售企业独有的文化特征及商场文化氛围。

（2）推销功能。营业厅的室内设计，包括选材、用色应有利于商品的陈列和促销，装饰手法和照明设计应以突出商品为原则，并方便销售。

（3）安全舒适。有良好的通风换气系统，并符合防火安全疏散的规范要求，如表 5-3 所示。

表 5-3　营业厅装修材料燃烧性能

建筑物及场所	建筑规模、性质	装修材料燃烧性能等级（A 不燃性 B1 难燃性 B2 可燃性）							
		顶棚	墙面	地面	隔断	固定家具	装饰织物		其他装饰材料
							窗帘	帷幔	
商场营业厅	每层建筑面积 >3 000 m^2 或总建筑面积 >9 000 m^2 的营业厅	A	B1	A	A	B1	B1		B2
	每层建筑面积 1 000 ~3 000 m^2 或总建筑面积 3 000 ~9 000 m^2 的营业厅	A	B1	B1	B1	B2	B1		
	每层建筑面积 <1 000 m^2 或总建筑面积 <3 000 m^2 的营业厅	B1	B1	B1	B2	B2	B2		

（4）创新意识。营业厅室内设计及商品展示要引领时尚潮流，不断以新颖的形式给

顾客以惊喜。

5.2.4 营业厅柜台布置与商品陈列设计

5.2.4.1 柜台布置形式

营业厅柜台布置通常采用开敞式、半开敞式、封闭式和综合式。家用电器、服装、鞋帽等商品可采用开敞式或半开敞式的布局，而一些小件商品和贵重商品如金银首饰、小五金等常采用封闭式布局。综合式也称自由式，综合以上三种布置方式的特点，将营业厅的柜台、货架等按人流走向和密度变化灵活布置，使营业厅轻松活泼、美观大方。图 5-12、图 5-13 是柜台和货架的几种布置形式。

不论采取哪种布置方式，都应处理好购物空间和交通空间的关系，使顾客流线通畅，便于选购商品，便于营业员操作服务，充分发挥展柜、架柜的利用率。

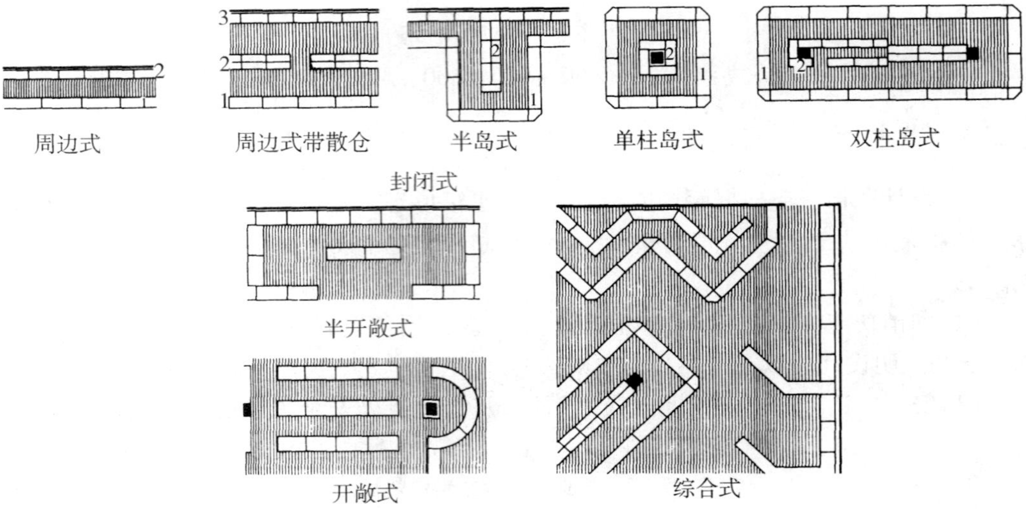

1—柜台；2—货架；3—散仓货架

图 5-12 柜台货架布置形式

5.2.4.2 商品陈列与展示

商场内的商品陈列，由于其所处位置不同，其观赏效果也不尽相同。应在研究售货员的工作动作范围和顾客视觉特点的基础上决定商品陈列的空间范围。图 5-14 为商品设置高度与人的视域。图 5-15 ~ 图 5-19 为柜台、货架尺寸与营业员、顾客活动尺度示意。

商品陈列依据商场经营方式和商品种类特征，可以有汇集陈列、开放陈列、重点陈列、组合陈列、样品陈列等多种方式，通常选择在自动扶梯对面、通道两侧、走道尽端等。通过对顾客视线的引导，从而激发顾客的购买欲望。

营业厅常用的售货道具设施有柜台、货架、展示陈列台、收款台等，它的造型、色彩有助于烘托商场的购物环境。道具设施的造型和尺度须与陈列商品的性质、规格，人体基本尺度，以及顾客的视觉行为特点相适应。表 5-4 为货柜、货架的一般尺寸。

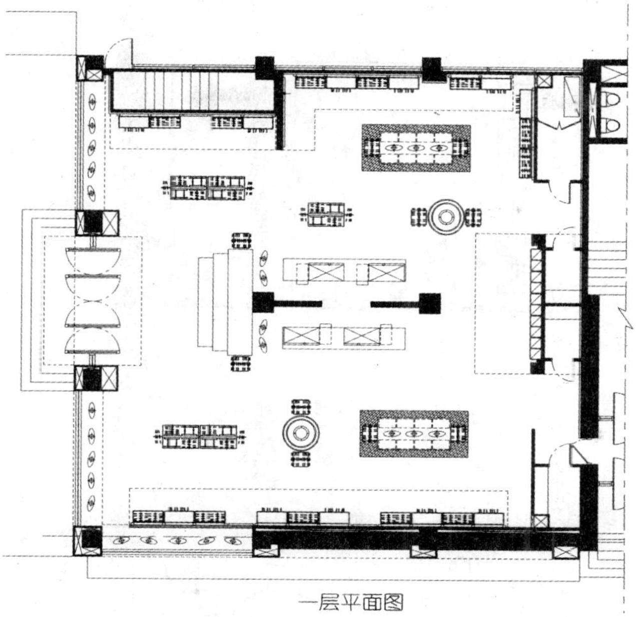

图 5-13　开敞式柜台货架布置

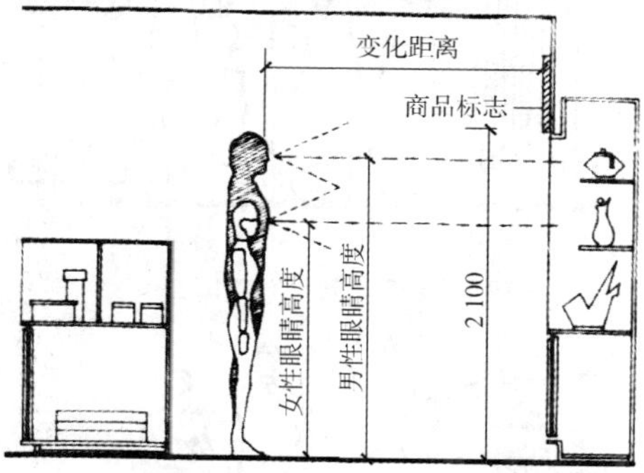

图 5-14　陈列品与视觉关系　（单位：mm）

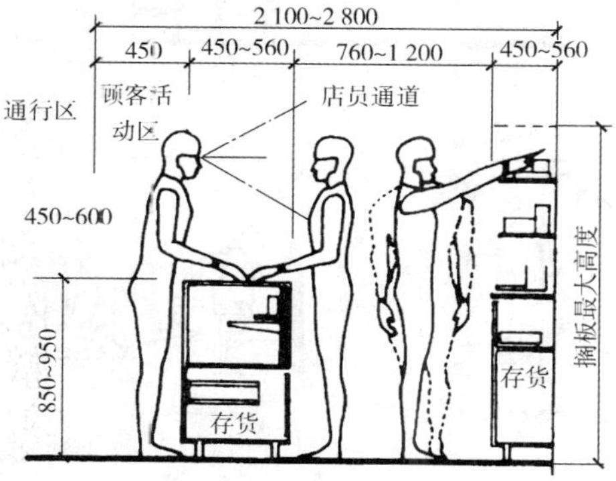

图 5-15　售货服务区　（单位：mm）

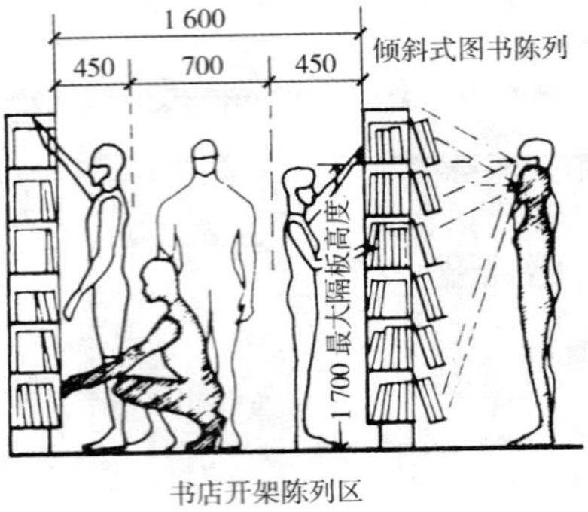

图 5-16　**书架陈列**　（单位：mm）

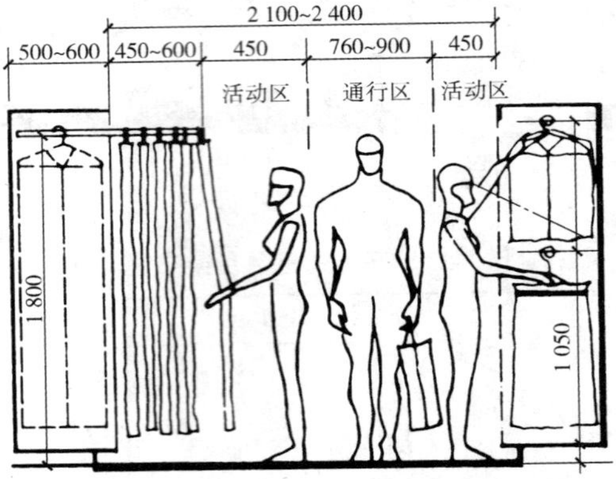

图 5-17　**服装陈列**　（单位：mm）

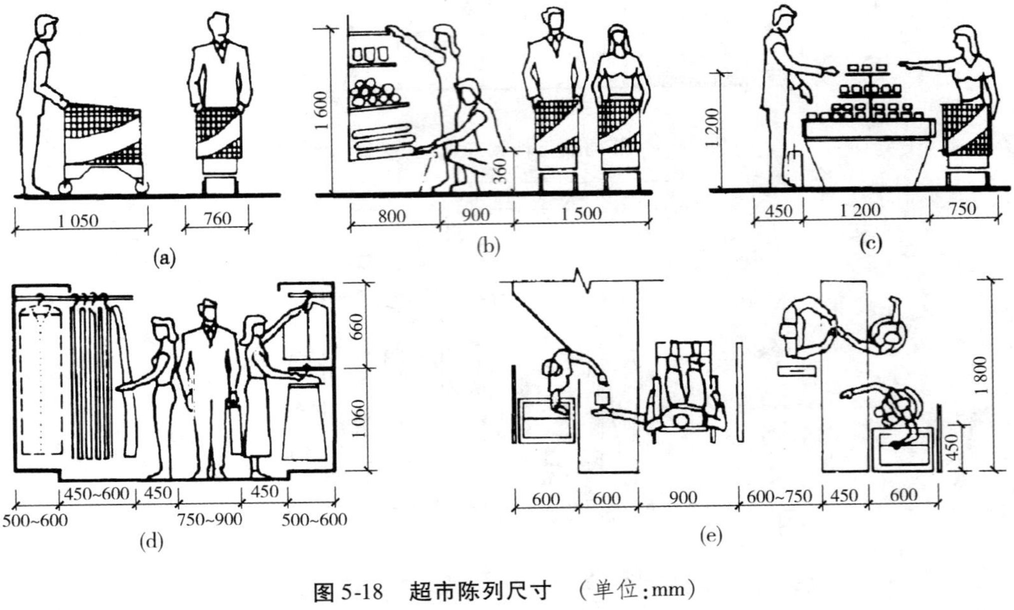

图 5-18　**超市陈列尺寸**　（单位：mm）

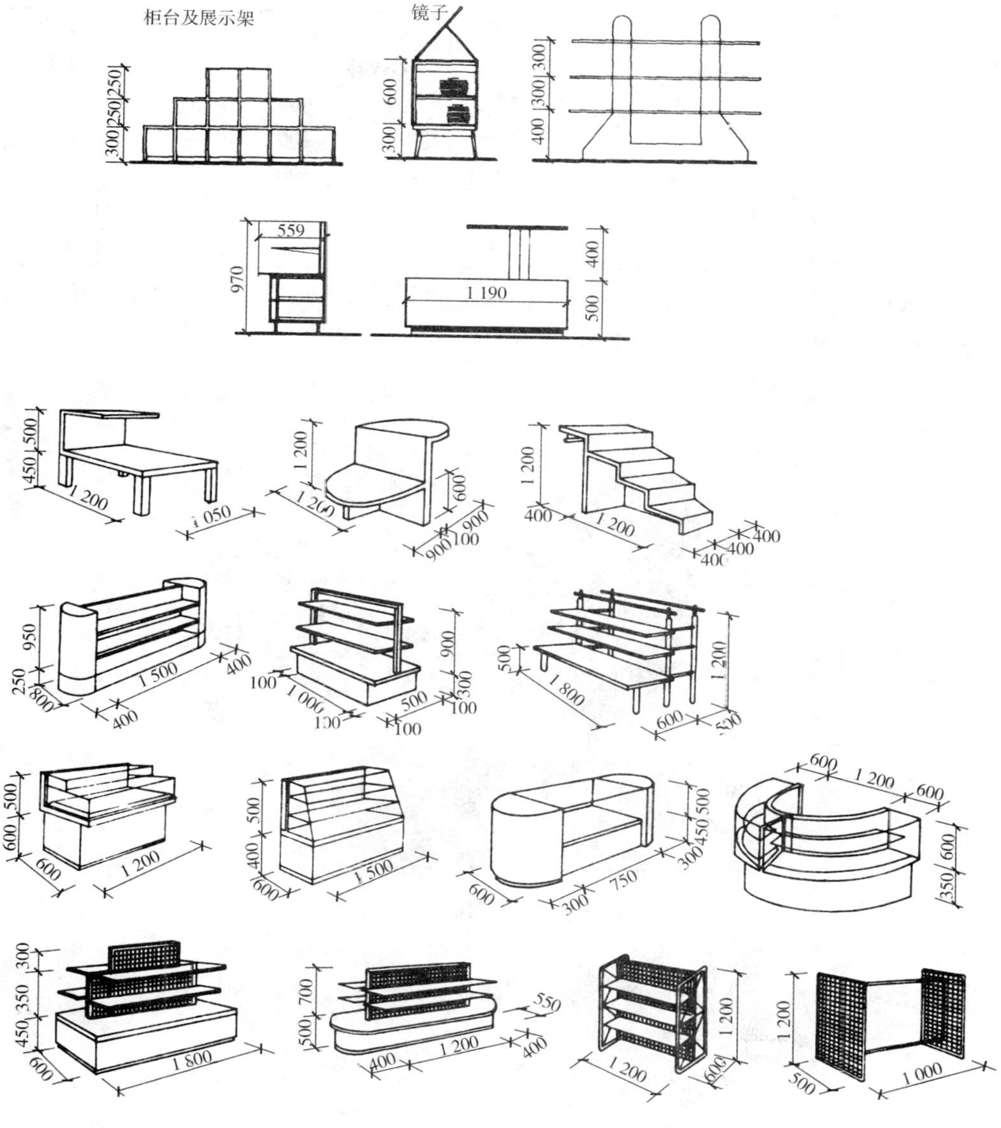

图 5-19 柜台及展示架尺寸 （单位:mm）

表 5-4 商店常用货柜、货架的基本尺寸参数 （单位:mm）

项目		高度	深度	长度
货柜	一般百货	900 ~ 1 000	600	2 000
	眼镜	800	600	1 500
	棉布	950	900	2 000

续表 5-4

项目		高度	深度	长度
高货架	一般百货	2 100	400	2 000
	收音机、电讯零件	2 100	400	1 200
	唱片	2 100	400	1 000
	皮鞋	2 100	500	1 500
	棉布	2 400	500	1 500
低货架	棉布	1 100 ~ 1 400	400	1 200

商场的基本陈列设施需遵循方便经营、造型优美、拆卸方便、造价经济等原则，并结合商品内容各具特色，如图 5-20、图 5-21 所示 。

图 5-20　某专卖店陈列柜图

图 5-21　某专卖店陈列柜图

营业厅各层商品的分布，需根据商场业主的经营需要，从商品购物的方便、展示效果、季节性方面综合考虑来确定。许多商场常把化妆品柜布置于首层入口处，取得一定档次和视觉效果，给人以舒服、高雅而亮丽的感觉；把有目的购置的商品柜组置于较高的楼层；把季节性、流行性强的商品柜组置于较低的楼层，家具类体积较大的商品置于地下商场或顶楼层。

5.2.5 营业厅空间环境设计

5.2.5.1 营业厅空间组织

商场营业厅的空间组织需遵循原有建筑空间的基本特征，比如柱网的间距、层高等，因势利导地对空间进行调整与再创造。往往通过天花的设置，局部地面的变化，货架、柜台、展台，以及隔断、休息椅、绿化等对空间进行组织与划分。

1）空间的分隔与联系

为了适应现代商业经营方式的变化和满足顾客求新、求异的心理，营业厅空间应具有较强的适应性和灵活性。经常应用的手法是利用柜台、货架、陈列台、隔断的高低错落和多变组合划分营业空间，使空间割而不断，保持明显的连续性，当使用要求改变时，又便于空间的重新组织。

现代营业空间的货架和陈列柜的设计，趋于形简质轻，易于装配和拆卸，并使空间分隔灵活通透。家具设备的支脚越少越好。这样一方面便于地面清洁工作，另一方面又使分隔的各个空间通过地面的联系与溶透，增加空间的整体连续。在进行内部空间分隔时不应拘泥于固定模式和手法，顺着顾客的购物流线及销售商品特征，创造出丰富多变的空间形式（见图5-22）。另外，还可以采用虚体分隔空间的手法，如垂挂织物，通透的玻璃球帘状物，增加空间层次，形成轻松、浪漫的视觉效果。

2）室内的引导与暗示

设计时需要结合顾客的活动路线，引导顾客注意相应的商品，展示路线和商品信息。主要通过柜架，展示设施的空间划分；地面、顶面、墙面等界面的材质，色彩，装饰广告的应用；以及方向性的照明设计，光带，各类商品部的导购指示牌，标志，不同光色的变化等（见图5-23）。

3）空间的延伸与扩张

利用人的视差规律，通过界面和某些材料的适当处理，可以使营业厅空间产生延伸与扩张感。

玻璃、镜面材料的运用能使有限的空间产生延伸的感觉，使较小的室内空间扩大。此外，营业厅柜架的斜向布置，也可使空间产生扩张感，特别是对于那些狭小的营业空间，能改善人的视觉感受。

5.2.5.2 营业厅的界面设计

营业厅的界面设计的目的是从整体上烘托购物氛围，突出商品的特点，激发人的购买欲望，创造良好的购物环境。营业厅的界面设计主要可分为地面设计，墙面、柱面设计，顶面设计三部分。

图 5-22　某商场空间分布

图 5-23　利用天花照明引导人流

1）营业厅的地面设计

在地面设计中，首先应考虑其安全性，并要求选材具有防滑的性能。当地面选用多种材质时，为防止顾客行走时被绊倒，应处于同一标高；其次，从功能性考虑，因为营业厅的来往客流量较大，所以就要求选材耐磨、易清洁等性能。当营业的面积较大时，在入口处、电梯处以及厅内的主通道的地面，可以进行一些纹样的处理，以此起强调空间及引导人流的作用；考虑到经营中商品种类的变化，地面用材的边界宜“模糊”一些，为以后的商品经营布置留有余地。

2）营业厅的墙面、柱面设计

营业厅的墙面大多被货架、展柜等道具给遮挡了，因此墙面的设计一般比较简单，注重其经济性，只需用涂料涂刷、油漆处理即可。但是有些需要特别强调的墙面就要求用大理石、艺术混凝土、实木饰面板、镜面、壁纸等多种材料结合展柜来做成一定的艺术造型，其造型必须与所展示的商品相适应，以此来招揽顾客。

营业厅的柱面是在营业厅的中间位置，易形成视觉中心，也是设计的重点。整体的柱面设计要求根据不同的商场、设计风格而定。局部的柱面设计要以柱子的具体位置来确定具体的处理方式：①营业销售区。根据展示内容的需要，与展台的布置、广告的展示相结合。②中庭的周围。多用大理石、花岗岩、面砖等名贵材料做重点装饰。③次要的部位。可以不加装饰或简洁处理即可。另外，在进行包柱处理的时候，柱子本身的粗细尺度变化应与营业厅的空间形态和建筑风格保持一致。

3）营业厅的顶面设计

营业厅的顶面里面安装有通风管道、消防管道、音响设备、照明灯具、电源线路等多种设备，顶面的高低、吊顶的造型都与这些设备的布置密切相关。顶面的高低带给人不同的心理感受，较高的顶面给人空旷、宏伟的感觉，较低的顶面就给人压抑的感受。顶面处理的整体要求为：

（1）注重安全性。大面积的顶面装饰用材一定要用不可燃材料，如轻钢龙骨、石膏板、矿棉板、铝型板等。局部为了一些特殊的效果也可选用木龙骨、夹板等可燃材料，但是应按防火规范要求处理并控制使用数量。

（2）强调功能性。顶面应与地面布置相一致，配合地面的功能分区，充分发挥顶面对空间的界定作用，合理划分出各个销售展区的空间面积和引导顾客的作用。

（3）突出美观性。我们利用顶面标高的可变性，在合适的局部创造出各种具有艺术造型变化的组成要素。顶面的整体布置要简洁、色彩淡雅，材质的选用尽量要在同层以一到二种为主，做到整体的和谐统一；再利用灯具的设计与布置达到一定的艺术效果，在统一中求变化。

5.2.5.3 营业厅的光环境设计

营业厅的光环境设计是指营业厅内光源的布置与选择、有色光的适当运用、照度的合理控制，并以此来营造商业气氛，形成良好的购物环境，在整个营业厅设计中有着举足轻重的作用。正确地利用光的效果可以充分显示商品的特性与魅力，给购物者提供一个心情愉悦的购物环境（见图5-24）。

图 5-24　某商场照明设计

1)光源的选择与布置

选择合适的光源,要求光源具有良好的显色性,能突出反映商品真实的质感、色彩、做工精细程度等,既不夸张也不降低色彩的明度。目前,节能灯不仅有较高的发光效率,显色性能良好,常被用做商场的普通照明。一般的光源有白炽灯、荧光灯、荧光汞灯等,灯的大小、形态各异,就要求我们合理地选择灯具。

灯具大小的选择要与室内空间相适应,空间体积大点的可以选择大灯具,反之选小灯具。光源的合适位置选择与排列可产生意想不到的效果,光源的排列可以形成一定的艺术造型,给人以视觉的冲击力,还起到引导客流的作用。

2)合理的照度

照度不仅是指整个商场的照度,还有柜台上的水平照度和货架上的垂直照度。针对不同的商品采取不同的照度,使商品的特性得到充分的展现,并获得理想的商业氛围。照度的合理运用也是营业厅内光环境的重要组成部分,并且有一定的照度标准。商业建筑的照度标准与经济的发展紧密相关,目前我国的室内照度随着经济的发展有进一步提高的趋势,如表 5-5、表 5-6 所示。

表 5-5　国内一般推荐照度值

商店场所	推荐照度(lx)
百货自选商场、超级市场的营业厅	500 ~ 750
百货商店的营业厅及选购用房	300 ~ 500
百货商店门厅、广播室、美工室、试衣间	75 ~ 150
值班室、换班室、一般工作室	30 ~ 75
一般商品库及主要的楼梯间、走道、卫生间	20 ~ 50
内部使用的楼梯间、走道、卫生间、更衣室	10 ~ 20

表 5-6　国外照度值参考

照度(lx)	商店场所	百货商店
3000		
2000	最重要的陈列点	展示橱窗:戏剧性、重点陈列
1500		服务台、店内陈列
1000	重点陈列部、收款台 包装台、自动扶梯口	重点楼层、专卖单元 咨询性专柜
750	电梯间、自动扶梯	一般楼层基本照明
500	一般陈列、洽谈室	高楼层基本照明
300	接待室	
200	洗手间、厕所、楼梯、走廊	
150		
100		
75	休息间、室内总体照明	

照度的高低对人的心理影响很大,当照度增加时,人就会感觉空间宽敞明亮,给人以极强的购买欲和愉悦的心情,但是照度过高就会令人眩晕,不舒服;当照度过低时,会让人产生压抑感,影响顾客的心情,降低购买欲。当然营业厅不同的部分对照度的要求是不一样的,这样有助于选购商品,引导顾客的需求。一般是橱窗的照度最高,其次是商场的内部,这样更有利于吸引顾客。

3)照明方式的分类

我们根据照明的功能不同,把照明方式分为基本照明、特殊照明、装饰照明三类。

(1)基本照明。基本照明也称泛光照明,是指使营业空间能满足的行走、购物、销售等基本的需求获得的亮度照明。基本照明通常是由顶面上的灯具来提供,有成带状分布的荧光灯,成点状分布的圆筒节能灯和间接反光灯槽。

(2)特殊照明。特殊照明就是在基本照明的基础上,为了突出商品的魅力,在商品上或其他地方(如入口处)获得突出强调的效果的照明。一般采用投影灯打到商品上或商品周围。

(3)装饰照明。装饰照明就是利用光源的色彩、灯具的造型、灯具的排列布置形成一定的装饰效果。装饰照明一般采用彩灯、霓虹灯、发光壁灯等,以此来突出商场的个性。

应注意不管是哪种类型的照明都不能影响对商品本身的色彩、质感的挑选。

5.2.5.4　营业厅的标志设计

顾客进入商场之后,鲜明的标志对于引导人流和向购物者传递信息是非常重要的。商场的标志按用途可分为以下三类:

(1)介绍商品的分布,显示商场经营内容,指示营业厅商品种类的层次分布,表明各区域经营商品的门类。导购的方式是多种多样的,常用的方法是提供一个附带照明的平面图,明确表示所有功能、售货分布和交通路线。这些导购平面图必须放在显著的位置陈列，易于寻找，如能使用备用光源进行划分，出现事故时还有利于消防部门准确、迅速地采取行动。

（2）指示空间位置。告诉顾客哪里是寄存处、收款处，哪里是洗手间，哪里通快餐厅等。

（3）指示安全和疏散路线。对顾客有危险的部位有醒目指示，如配电箱、扶梯的三角位等。通道指示牌明确标明消防出口、消防入口、顾客的出走路线和发生火警时的疏散退离路线。

此外，商场标志作为确立企业形象和营造改善空间效果也有极为重要的意义。在较大的购物空间内，标志可以成为大尺度空间的过渡，避免大尺度带给人的空旷感。通过色彩、图案的设计达到丰富视觉空间、软化空间、营造商业气氛的效果。

商场标志及招牌在工程开始阶段就应作为整体构思的一部分统一设计。全盘考虑所有商场区域的视觉效果，并为重要标志提供足够的空间和面积。在用材、用色、字体等方面均应与室内商业环境相协调。在与照明结合时还应掌握好照度的分寸，标志不能过于抢眼而分散了对商品的注意力，影响整体环境的和谐（见图 5-25、图 5-26）。

图 5-25　标志

5.2.6　橱窗设计

橱窗是缤纷多彩的时尚产物，是商业建筑的重要标志之一，对商品的展示起着重要的作用。漂亮的橱窗可以招揽顾客、激发顾客购买的欲望、渲染商业气氛、引导消费潮流，给商家带来了巨大的经济效益。商家也可以通过橱窗体现自己的经营特色、经营理念来树立品牌效应。用于服装展示的橱窗应充分展示时装的多样性和流行趋势，应具有较强的个性（见图 5-27）。用于珠宝首饰的橱窗则应显得凝重、典雅，具有良好的照度。橱窗的尺度不易过大，尽可能单独展示商品，增加商品的价值，又可提高安全性。

5.2.6.1　橱窗的尺度

橱窗的尺度要根据营业厅的规模、性质、环境、商品特征和陈列方式来综合确定，并且要符合人体尺寸。一般人的视平线高度为 1.6 m 左右，在视线上下的 30°范围内可以清楚地

图 5-26　安全指示标志设计

图 5-27　橱窗设计

看到橱窗里的对象。我们在设计时除考虑到陈列商品的大小外还要考虑观赏距离等。

5.2.6.2　橱窗的分类

我们从不同的角度来看,橱窗的分类也是多种多样的。

从橱窗的位置来分,有店前橱窗、店内橱窗。

从装修的形式上划分,有通透式、半通透式、封闭式。

从橱窗中的形状划分,有平式、凸出式、凹入式、开敞式、立体式 、两层式等(见图 5-28)。

5.2.6.3　橱窗的创意

创意是橱窗设计的重要部分,一个好的创意的橱窗能得到意想不到的效果。设计师在做创意时,应从以下三个方面考虑:

第一,直接来源于时尚流行趋势主题。特别是用于服装展示的橱窗,流行性更为强烈,充分显示服装的多样性和时尚性。

第二,来源于品牌的产品设计要素。设计师对流行趋势进行分析研究,找出其中适合

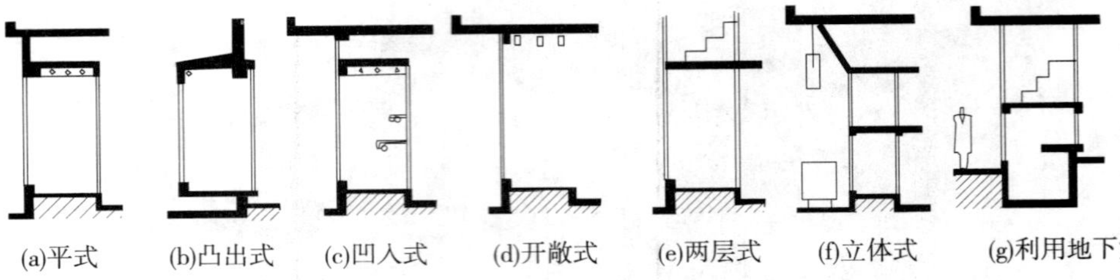

图 5-28　橱窗形式

于本品牌的产品设计要素。然后,根据这些设计要素进行橱窗设计,以达到橱窗设计和产品设计风格的统一。

第三,来源于品牌当季的营销方案。新产品上市计划及促销活动,一般安排在节假日。橱窗设计就要明确体现出新产品的上市和节日的到来。创意的来源,就可以从这些时间段的代表特征中去发掘。既要明确地体现该时间段的特点,又要新颖而不落俗套。

5.2.6.4　橱窗设计的基本原则

一个漂亮的橱窗除具有好的创意外,还应注意以下几个原则。

1)店前的橱窗设计时要考虑遮阳问题

阳光的照射不仅会损坏商品,还会产生炫光,严重影响了顾客的欣赏。炫光是由于橱窗外的亮度高于橱窗内的亮度,而产生使橱窗外受光影像反射到橱窗玻璃上的现象。一般防止炫光的方法有:利用挑檐、百叶、雨篷来遮挡阳光,利用店前高大的植物来遮挡阳光等(见图 5-29)。

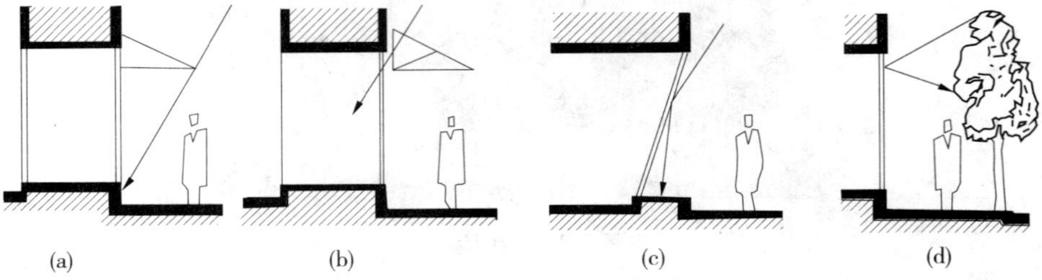

图 5-29　橱窗防止眩光的处理方法

2)考虑顾客的行走视线

虽然橱窗始终是静止的,但顾客大多都是在行走和运动中看到橱窗的。因此,橱窗的设计不仅要考虑顾客静止的观赏角度和最佳视线高度,还要考虑橱窗在运动中的视觉效果。在橱窗的创意上做到与众不同,主题要简洁。

3)橱窗和商场的统一性

橱窗是商场的一部分,在设计上就要和商场的整体风格相一致,形成一个整体。在实际中,有许多设计师设计橱窗时,却往往忘了商场内部的风格,往往造成内外的不统一。

4)主题要突出、简洁鲜明

一般情况下,顾客在橱窗前停留的时间很短,因此形式感强、主题突出的橱窗才能给顾客留下深刻的印象(见图 5-30)。

图 5-30　韩国 SACO 商场橱窗设计

第 6 章　办公空间室内设计

6.1　办公空间的历史沿革与发展趋势

6.1.1　办公空间的历史沿革

自从人类社会形成固定居住点以来就有了原始的办公空间。从原始社会到封建社会，再到现代社会，随着经济技术的持续进步，办公方式由简单到复杂，由单一到多元，不断地变化，而办公空间作为其载体，也在随之不断地调整进步。

6.1.1.1　农业经济时代的办公空间

中国古代的衙署是统治者办公的专用建筑，上至皇宫，下至衙门都有其处理公共事务的场所，而这些办公场所往往是同居住紧密结合在一起的。帝王官僚们在厅堂议事，在书房处理文件，在寝室休息，这些房间的功能基本等同于现代办公的会议室、办公室和休息室。早期的欧洲，贵族们在起居室甚至卧室里举行会议，讨论政事。随着工商业行会的兴起，出现了专供行会、集会的办公空间，但其仍具有居住的功能，内部空间也基本上是对起居室的模仿，外部为三到四层的砖木形式，没有自己的特色。简言之，无论中外，农业经济时期的办公空间都是基于对起居室和书房的模仿，并且表现出一种封闭的状态（见图 6-1）。

6.1.1.2　工业经济时代的办公空间

18 世纪 60 年代发生了以蒸汽技术为标志的工业革命，这场革命开发了新的能源和机器，并且带动了交通运输、商业金融和管理方面的迅速发展。此时封闭的格间办公空间已不能适应社会的需要，逐渐被通廊式办公空间所替代，其内部装饰也符合工业时代的精神，家具的造型、色彩及构造大为精简。接踵而至的池座式办公使“办公室成为生产的机器”变为了现实，并且成为办公室走向自动化的第一步。它将办公室分为两种：高级职员单独的工作室和普通员工所在的大厅。大厅里的工作就像工厂里的流水线，体现着工业化的集约和高效。在这里，办公空间同居住空间已经完全分离（见图 6-2）。

6.1.1.3　后工业时代的办公空间

二战后，办公建筑随着经济膨胀而迅速发展，20 世纪 50 年代出现了一种崭新的办公形式——玻璃幕墙的高层建筑。之后空调和日光灯的引入使得这些玻璃盒子式的建筑不再受到通风和采光的限制，从而创造出具有大进深和大空间的办公环境。员工在开放的平面空间办公，只有少数人才能利用建筑周边的房间看到外面的景致。然而这种低成本高产出的办公建筑却符合这一时期社会的需求，因而得以广泛应用，逐渐形成了“国际式”风格。随着“国际式”风格风靡全球，办公空间也变得千篇一律，令人乏味，人们逐渐厌倦了这种令人窒息、工厂化的空间形式，希望得到尊重和放松。于是，“景观办公”的概念应运而生，这种新型的办公空间完全不同于原来呆板冷漠的办公环境，而是有着自由的

图 6-1　家庭风格的会议室

图 6-2　池座式办公

布局、柔和的色彩和茂盛的植物。景观办公中用家具及绿化来划分空间，注重美学效果，满足了人们的审美要求，体现了对人的关怀与尊重（见图 6-3）。

6.1.1.4　现代办公空间

20 世纪 90 年代以来，通信技术、信息技术尤其是网络技术在办公中的广泛应用，大大推动了办公形态的自动化和系统化，动态、弹性、流动的办公空间逐渐显示出其强大的

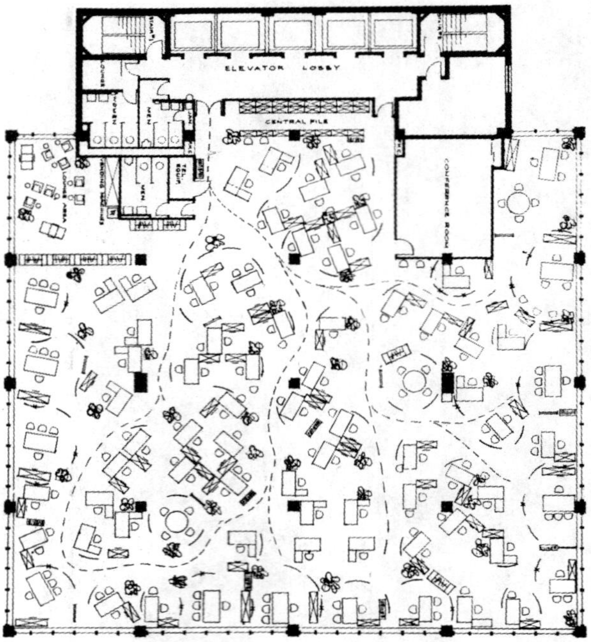

图 6-3　景观式办公平面布置

优势，一些反映时代特征的办公空间形式层出不穷。一方面现代企业将办公环境清晰化、专业化，办公空间的设计被视为一个完整的工作环境系统。这个系统糅合新的美学观念和造型艺术，依托新的结构技术，体现出公司的经营理念、公司形象，它不但能够促进工作效率，展示企业文化，而且显示了对员工社会性生活的尊重（见图 6-4）。另一方面发达的信息系统使得办公之间的联系突破了空间的限制，单元化、家庭化办公逐渐增多，工作人员享受到了时间和空间上的自由。办公空间及家具可根据个人爱好及特点自由布置，充满了“家庭”气氛。在办公环境中享受“家”的温馨宜人，这是办公空间在现代科学技术基础上向历史的高层次回归。

6.1.2　办公空间的发展趋势

经过几百年的发展，办公建筑的内部空间已经日趋成熟和完善，然而在提倡可持续发展、以人为本的 21 世纪，办公空间又有了新的发展趋势。

6.1.2.1　**生态化趋势**

1987 年联合国世界环境发展委员会提出了“可持续发展”的概念，其定义为“既满足当代人的要求，又不损害后代人满足他们需求能力的发展”。“生态设计”正是可持续发展的概念在设计领域内的应用，也是现代办公环境中应采取的措施与必然趋势。注重生态的办公室内空间设计，目的是创造符合生态标准的环境设计，达到室内生态系统的良性循环，为使用者提供高质量的生存活动的小环境，并且减少能耗，保护环境，在设计中主要体现在以下两方面：

（1）将自然环境引入室内。尽可能地增加自然采光系数，建立高质量的室内采光

图 6-4　现代办公空间

系统;创造良好的通风对流环境,形成自然空气对流系统;设置多层次的立体绿化系统,改善室内小气候;创造开敞的空间环境,使工作人员能更直接方便地亲近自然环境(见图 6-5)。

(2)使用绿色材料,节约能源。尽可能地利用当地的技术、材料,以降低建造成本;尽可能使用无污染、易降解可再生的环境材料;在设计中尽量考虑利用可再生资源,如太阳能等;采用新技术、新材料,减少建筑能耗。位于巴黎的"阿拉伯世界研究中心"采用了高科技镜头快门式的窗口,可以有效地控制射入室内太阳光的强度(见图 6-6)。

6.1.2.2　人性化趋势

与不断高速发展的经济技术相适应,人们对工作环境舒适度要求逐渐提高,办公空间的人性化设计将成为主流。人性化设计从本质上来讲是"以人为本",是以人的生活、心理、行为和文化需求为出发点的设计。

办公空间的人性化设计首先要关注健康问题。办公室内大量自动化设备所造成的空气质量下降,电脑产生的辐射对人的身体都会产生负面影响,因此在设计中应尽量改善自然采光与通风条件,减少人工照明及机械调温的使用,尽可能采用环保材料,追求简约的装修风格以减少卫生死角等,创造更利于健康的办公空间。

其次,应当从员工的心理精神需求出发对传统空间模式进行调整。例如,将原有大空间办公划分为相对私密的小隔间,一方面可以保持安静的工作环境,提高工作效率,另一方面也是对员工个人的尊重。传统办公空间中的大会议空间已逐步退化,取而代之的是构成灵活、分布于各个区域的小洽谈空间。这是因为以传达为主要手段的全体会议已不能适应现代管理节奏,小型洽谈空间却可以随时提供给各部门小范围商讨。另外,传统办公空间只为外来客户提供休息接待区,而忽略公司内部员工的需求的状况普遍存在,而如今,越来越多的公司专门为员工开设了咖啡吧、茶座,甚至娱乐活动空间。以上这些都是办公空间人性化的具体表现(见图 6-7)。

图 6-5 室内绿化

图 6-6 可调节窗口

6.1.2.3 **家庭化趋势**

家庭化办公是将家庭的氛围同办公行为相结合，最大限度地消除紧张工作给人带来

图 6-7 人性化的休息空间

的消极影响，创造出和谐、温馨的工作环境。

1）营造家庭氛围

在空间设置上借鉴家庭空间构成模式，采用小尺度的单元式或公寓式布局，每一工作组团构成一个单元，单元内部可划分出会客区、工作区及休息区。在室内装饰设计上，突出个性化，色彩、质感富于变化，利用隔断、绿色植物及灯光分隔空间，营造亲切、舒适的气氛。在使用方式上，将家庭化的生活方式融入其中，增设了厨房、小餐厅等辅助功能空间。这种空间能使办公人员有"家庭成员"的感觉，有利于团队精神的形成（见图 6-8）。

2）SOHO 办公模式

SOHO 是集工作、生活为一体的模式。首先，计算机网络技术是它赖以生存的基础，所以设计要充分考虑这些数字化设备的合理安排。其次，多种功能的综合对使用面积有了更高的要求，作为 SOHO 的住宅应考虑商务接待、工作室等空间设置。居住区同工作区应保持相对独立，既联系紧密又不相互干扰。几年前，人们所说的 SOHO 一族还大多指那些专门的自由职业者：自由撰稿人、设计师、艺术家等，如今，随着互联网在各个领域的广泛运用及电脑、传真机、打印机等办公设备在家庭中的普及，SOHO 成为越来越多的人可以尝试的一种工作方式，在今后办公模式中所占的比例还会不断增加。

6.1.2.4 新办公文化趋势

随着企业品牌意识的不断增强，办公空间将与 CIS 系统紧密的结合起来。CIS（Cor-

图 6-8　家庭化工作空间

porate Identity System——企业识别体系）是企业对自身的理念文化、行为方式及视觉识别进行系统的革新、统一的传播，以塑造出富有个性的企业形象，获得内外公众认可的经营战略。CI 是由 MI（理念识别）、VI（视觉识别）和 BI（行为识别）共同构成的，而体现在办公空间的 CI 主要是视觉识别，它要求设计从标示、照明、装饰等都要服从企业经营理念，形式上符合 CI 手册注明的造型及色彩要求，营造出和谐统一、具有鲜明个性的办公环境。经过 CI 设计的办公空间能够体现出企业新颖独特的文化内涵，增强员工的归属感和自豪感，激励员工的积极性（见图 6-9）。

图 6-9　体现企业形象的休息室

现代办公类型有多种多样,从工作内容上看,有传统的企事业办公,也有前卫的广告传媒、网络通信,从办公地点上看,有大型写字楼办公,也有小型家庭化办公。这些办公空间都有其独特的功能、形式要求,表现出不同的文化特质,这就使得办公文化具有了多元的特点。随着新技术的涌现、社会分工的细化,办公文化也会持续地得到扩充。

6.2 现代办公空间的尺度设计

6.2.1 现代办公空间的家具尺度

6.2.1.1 办公桌椅

办公桌是工作人员处理事务及存放相关物品的主要平台,其设计要求高效、便捷、舒适地完成各种办公行为。办公桌应有适宜的长、宽、高尺寸来配合相应的工作。桌面的大小按实际工作时肢体的活动范围、规律及所摆放的物品来确定;桌面的高度让人在操作时方便而舒适;办公桌以下的空间需要考虑人体下肢的自如活动(见图 6-10)。此外,办公桌还需要协调同其他办公家具如座椅、柜子之间的关系,以保证办公的高效进行。

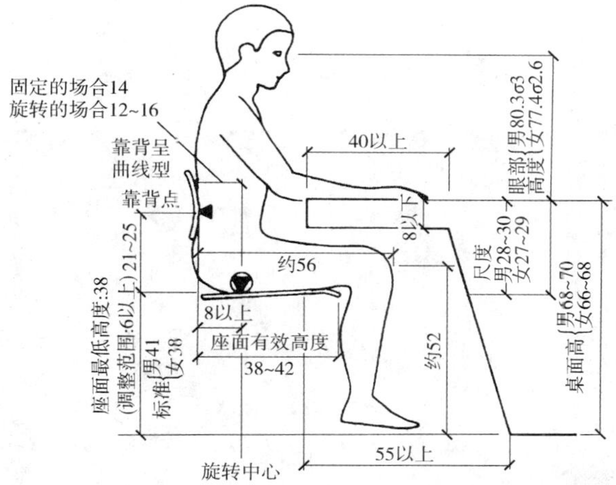

图 6-10 办公桌尺寸设计 (单位:cm)

人坐下工作时,脊椎只有保持正确的姿势才会有舒适的感觉,好的座椅可以为背部、腰部、脊椎提供这种正确的支撑。因此,座椅首先应当处理好人体与座椅的关系,根据人体工程学的研究,合理安排坐面和靠背的四度,即高度、深度、弧度和倾斜角度,以满足不同的需要,同时减少因长期使用而产生的疲劳(见图 6-11)。工作期间扶手对于上肢及背部的放松也有着积极的作用,它的高度及宽度也应予以重视。

6.2.1.2 大班台(椅)

大班台即经理办公桌,由于其服务对象的地位要求,它除要满足一般办公桌椅的基本尺度要求外,还需要体现出尊贵和典雅的气质。大班台有较大的台面,台面造型多变,追求个性化。大班椅椅身宽大,靠背较高,一方面同大尺度的桌子呼应,以突出使用者的地位,另一方面也便于身体的休息放松。桌椅从材料上多采用实木和真皮,色彩较深,质感厚重，稳重大方（见图6-12）。

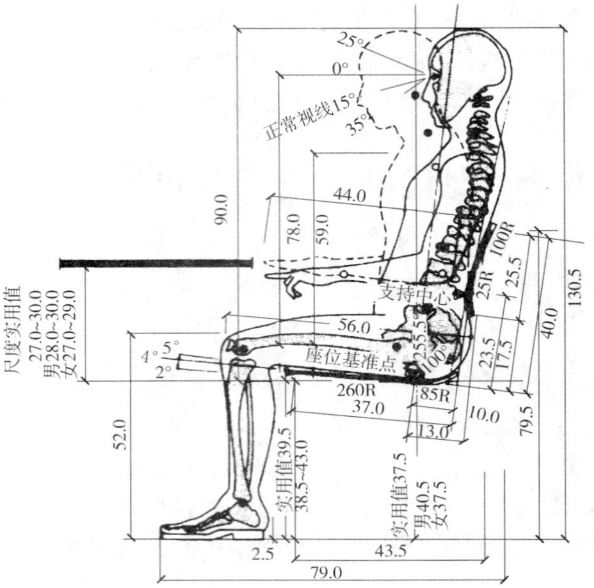

图6-11　**办公椅支持面标准**　（单位：cm）

图6-12　**大班台**

6.2.1.3　会议家具

会议家具的尺寸和形式往往同会议室空间的大小有着密切的联系。小型会议室多采用矩形、圆形会议桌，尺寸较小，以营造轻松、平等的氛围；中型会议室多采用长方形、椭圆形会议桌，有明显的长短边，方向感很强，以此区分与会者的身份；大型会议室为了保证良好的视线，家具摆放为排座式。图6-13为常用会议桌的参考尺度。

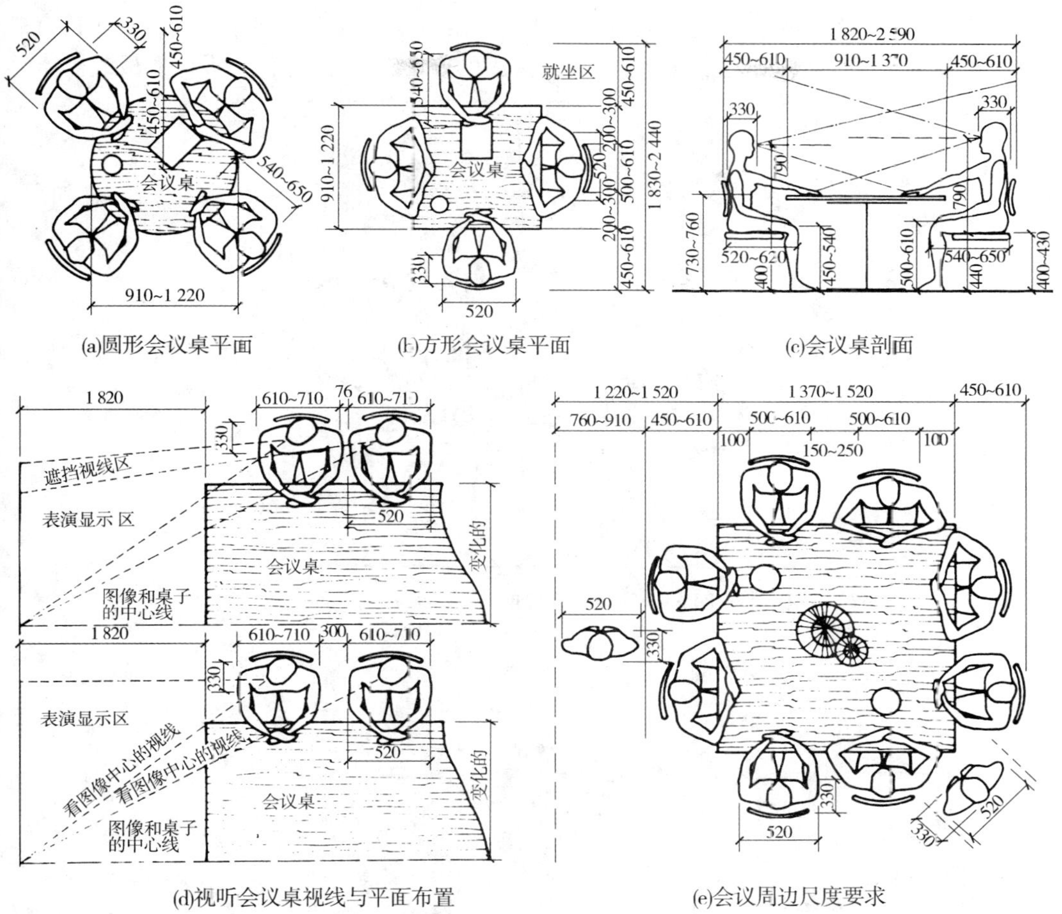

(a)圆形会议桌平面　(b)方形会议桌平面　(c)会议桌剖面

(d)视听会议桌视线与平面布置　(e)会议周边尺度要求

图 6-13　常用会议桌的参考尺度　（单位：mm）

6.2.1.4　文件柜

办公空间所需的存储资料的家具会因存储对象不同而有很大的区别。设计选用时主要考虑空间的充分合理利用以及人体的尺度、活动特点。现在大部分的存储家具大都有成品可供选择。

6.2.1.5　接待台、休息椅

接待区是展示办公机构形象的窗口，该区域内的家具主要有接待台和休息椅。接待台的尺度应主要考虑服务人员、台面、客人三者之间的关系，设置高低不同的台面，以满足站和坐两种姿态的要求（见图 6-14）。休息椅应根据空间大小、接待人数来设定，需要注意的是，不同的摆放方式、间距会产生不同的空间氛围。

6.2.1.6　隔断

现代建筑内部的大空间为办公空间的灵活分隔提供了可能性，可以利用能够移动、拆装的隔断划分空间，根据需要创造出封闭或开敞的空间单元，以满足办公行为多样化的要求

(见图 6-15)。不同的隔断高度对空间的限定效果是不同的,隔断越低,空间越开阔,隔断越高,空间界限越明确,结合不同的材质、形式,还可以组成丰富多样的空间形式。一些具有摆放功能的隔断,还要考虑人在各种姿态下取放物品的方便,在合适的位置设计搁板或柜体。

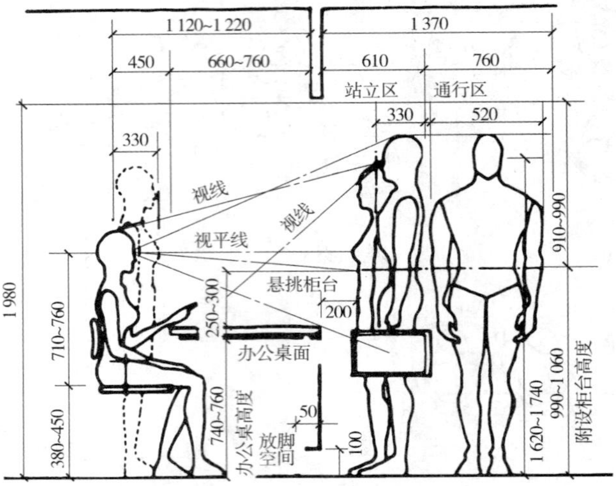

图 6-14　接待台尺度　(单位:mm)

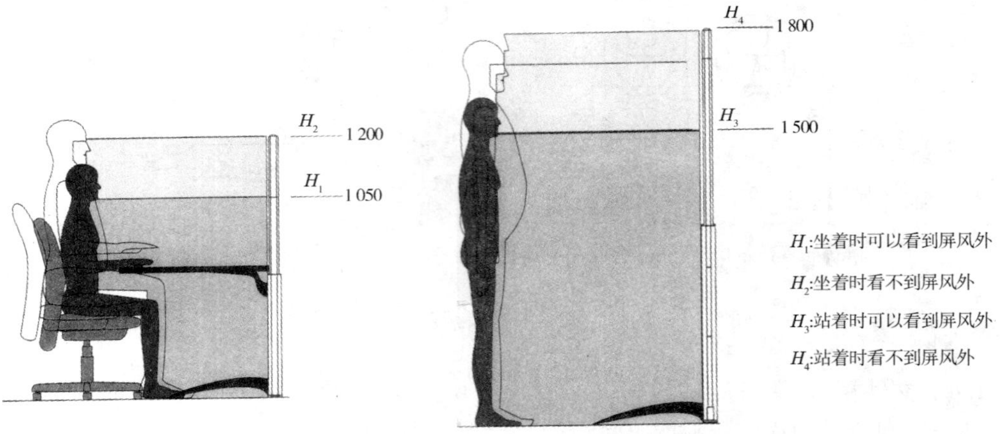

(a)坐姿时同屏风的关系　　(b)站姿时同屏风的关系

图 6-15　屏风高度与人的视觉关系　(单位:mm)

6. 2. 2　现代办公空间的空间尺度

办公空间尺度包含两方面的内容,一是各功能空间的基本面积要求,二是在此面积中空间与人所产生的尺度关系。

6. 2. 2. 1　办公空间标准

在进行办公室设计时常常需要准确地确定建筑空间的密度,在我国这一面积指标常常为 5 ~ 10 m^2/人,但单凭这一简单的数据是完全不够的,还必须同时考虑空间效果、人的行为、心理、声音、光线和经济等复杂的因素。综合这些因素,国内外制定了办公空间的标准，作为设计者控制各种工作面积的依据（见表6-1、表6-2）。

表6-1　办公室面积指标（美国）

功能		面积指标（m^2/人）	备注
高级办公室	总裁办公室	35~55	套间
	董事长办公室	28~35	套间
	副董事长办公室	21~38	
	经理	14~21	
	助理经理	9~14	
一般办公室	分析员、计算机员、工程师	9~12	也可用工作单元，用1.5 m隔断，除通道外实际使用面积为7~10 m^2
	总裁秘书	9	
	经理秘书	7	
	会计	7	
	打字员	6	
	绘图员	8	
中小型会议室	<8人	2.7	有会议桌
	8~20人	1.8	
	20~40人	1.6	
	<8人	1.6	无会议桌
	8~20人	1.3	
	20~40人	1.2	

表6-2　办公室面积指标（中国）

功能	面积指标（m^2/人）	备注
一般办公室	3.5	不包括过道
	7	包括过道
高级办公室	24~36	大
	20	中
	9	小
打字室	6.5	按每台计算机算
档案室	9.5	包括储藏柜
设计绘图室	4~4.5	
会议室	0.5	无会议桌
	2.3	有会议桌

6.2.2.2 办公空间尺度

办公空间的尺度是建筑内部空间的整体或局部与人体之间的关系，大致可分为大、中、小三个层次：大尺度让人对空间产生宏观的印象；中尺度为近人尺度，是指空间内的家具陈设给人的感觉；小尺度则为亲人尺度，主要表现为空间的细部设计。

空间尺度对办公人员的心理影响非常明显，一个空间如果太窄（*H/W* 为 5:1～6:1），心理就会有压迫感，行动速度会加快；宽度适中（*H/W* 为 1:1～1:2），人的心理空间放松，行动速度就会放慢；宽度再大（*H/W* 大于 1:20），心理空间再度紧张，行动速度加快，并有靠边的趋势。现代办公空间往往是多种功能的复合体，对尺度的要求也各不相同，例如接待空间应当亲切宜人，便于洽谈，会议空间则应适当开阔，以利于相互交流，并能保证多媒体演示的进行。这些空间的尺度都应做到恰到好处，过大的尺度会使人感到空旷和不安；相反，过小的尺度会使人感到局促和压抑。

人的行为对办公空间尺度有很大的制约。人们在进行诸如谈话这样面对面的行为时，需要保持一定的距离，这个距离在开敞的空间里为 60～70 cm，随着人的关系疏密、环境状况会有一定的调整。办公人员与桌椅柜子的关系也决定了局部的空间尺度关系，一般情况下，基本工作活动区的进深不小于 76.2 cm，最小通行距离为 91.4 cm。人们活动时不会把所有的空间全部占满，因此办公室的平面布置应充分考虑家具、设备尺寸，办公人员在使用它们时所需要的活动空间，各类办公组合方式所要求的尺寸，以及联系各工作位置的交通空间，并预留一定的余地。图 6-16 为办公室基本家具尺寸及办公人员活动、通行时所必需的基本尺度。

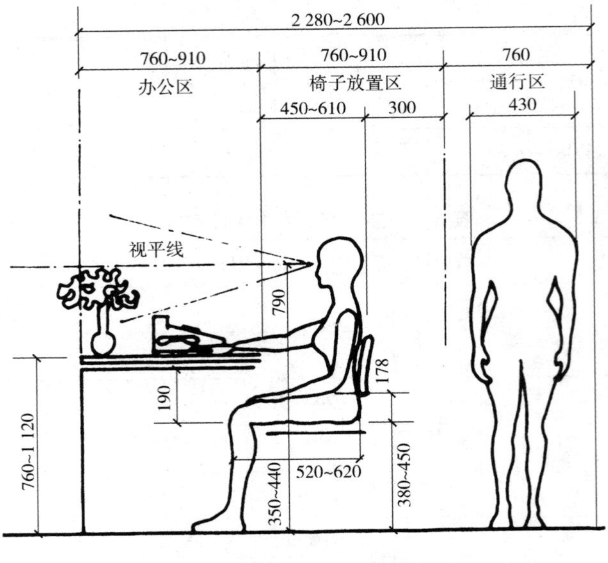

图 6-16 可通行的基本工作单元 （单位：mm）

6.3 现代办公空间的环境设计

现代办公空间的设计内容不仅仅是室内装饰设计，而是属于“环境艺术设计”的范畴，它是以人为中心，综合考虑心理、生理、物质、精神等多方面因素，处理好人与周围环境各方面关系的复杂工作。现代办公空间环境包括三个不同层面的内容，即心理环境、物理环境和生理环境。

6.3.1 现代办公空间的心理环境

根据环境行为学的观点，生命不是静止的，而是通过与空间环境相互作用而存在，空间环境会对人产生根本的影响，能够激发人的心理活动，继而深刻影响人的行为。通过了解办公空间所产生的心理功能，可以使它在最大程度上满足人的心理需求。

6.3.1.1 领域感

领域是个人或群体为满足某种需要拥有或占有一个场所或区域，并对其加以人格化和防卫的心理模式。办公空间领域的主要功能是为个人或群体提供对空间的控制，它不仅能使人感到安全，同时也表明了占有者的身份。领域感体现了人对环境的主观控制要求，是人们以某种方式将环境进行处理使其具有人格化的特征，在办公空间中，通常是利用不同的空间限定方式和空间氛围营造手段来达到限定空间领域性的目的（见图6-17）。我们可以从以下三个空间层次来考虑领域行为：

图6-17 利用不同材质划分领域

（1）微观环境（个人空间）。是人们所占有的围绕自己身体周围的空间，如果受到别人干扰，就会立即引起下意识的防范。个人空间可以延伸为一个领域单元，如一个工作单元、一间私密的办公室。

（2）中观环境。是比个人空间范围更大的空间，属于半永久性。办公桌旁边的走道，一个工作组的小型会议室都属于此类空间。

（3）宏观环境。指的是个人活动的最大范围，属于公共空间。如公共休息室，它对于个人来讲几乎不具备领域感。

从个人空间到公共空间，有一系列的领域性等级，在进行设计时也应基于此提供空间环境的多样性。

6.3.1.2 方位感

判断自身在环境中的位置,即方位感,是人们最基本的需求之一。一个空间混乱的环境往往会让人失去方向感,从而产生一定的精神压力。在办公空间中,人的注意力除了集中于工作之外,还会不自觉地搜寻周围的环境信息,例如所处的位置、空间的形式及周围装饰的特征等,并借此判定自己的方位。因此,办公空间需要较强的可识别性(见图6-18)。易识别的室内空间应具备以下特征:

图6-18 有明显方位感的空间

(1)内部空间有明确的中心或者标志物;

(2)水平通道和垂直交通处有标示系统;

(3)针对特定的功能空间有醒目的标示设计。

6.3.1.3 私密感

私密是指人心理上的一种自由的境界,当处于这种心境时,人们对于自己与外界在视觉上、语言上、精神上等方面的联系,都能够随心所欲地开放或关闭。即便是在公共空间中,人对私密性也有一定的要求。在办公空间设计当中,私密性与空间的大小及围合程度有着密切的关系,空间尺度越小,界面越封闭,私密感越强;反之,空间尺度越大,界面越开敞,公共性越强。图6-19中的工作室由弧形的张拉膜明确了空间边界,将它从周围开敞的空间中划分开来,半透明的薄膜阻隔了外界的视线,增强了空间的私密感。

6.3.1.4 交往需求

多样的交往空间有利于提升办公空间的整体质量,现代办公持续的脑力劳动,需要短时间的松弛和改变,使身心放松,以利于更高效的工作。同时,在交往的过程中,可以激发彼此的灵感,尤其对一些需要创意的工作更是如此。因此,轻松活跃的交往空间成为当前办公室内设计中的重要组成部分(见图6-20)。交往空间的设置有多种形式,可以同餐饮、阅读等空间相结合,也可分区域设置或集中统一设置。

在交往的过程中,不同的距离可以调整相互关系的强度:

(1)亲密距离(0~0.45 m)。是一种表达亲密、温柔、舒适等强烈感情的距离。

(2)个人距离(0.45~1.30 m)。是亲近的同事、朋友或家庭成员之间谈话的距离,它会形成保护性的区域,是最重要的距离。

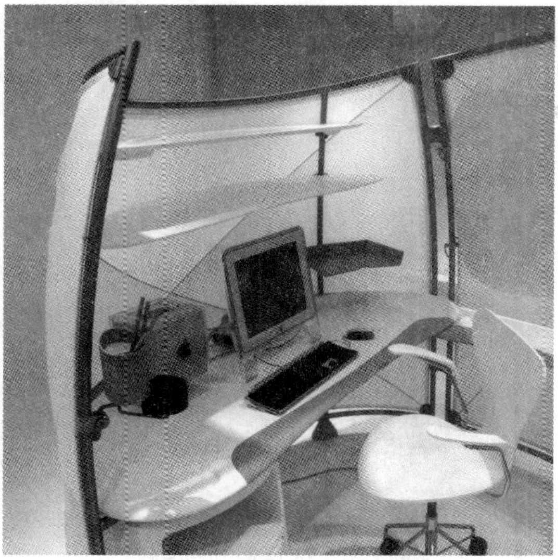

图 6-19　私密的工作空间

图 6-20　不同形式的交往空间

(3)社会距离(1.30～3.75 m)。是同事、朋友之间日常交谈的距离,在此距离之内,人们可以互不干扰。由沙发和茶几构成的休息空间布局就表现了这种距离。

(4)公共距离(大于 3.75 m)。是用于单向交流的集会、演讲,或者只是旁观而不用参加的一种距离。

6.3.1.5　归属感

归属感是通过传递所在领域的特征信息来实现的。归属感的产生,一方面需要强化办公空间体现的企业文化或特征,使办公人员认识到自己是其中一员;另一个重要的方面是允许办公空间的个性体现,以满足个体不同的需求和心理感受。个人或小组可以根据爱好随意地布置自己的空间,如从家里带来或购置个人专用的书籍、饰品等,这在很大程度上减弱了工作所带来的精神紧张和思维局限(见图 6-21)。这种个性化的办公空间往往比较小,有较高的封闭性,它可以缓解工作压力,同时为员工灵感的产生创造条件。

图 6-21　个性化办公空间

6.3.2　现代办公空间的物理环境

6.3.2.1　办公空间的光环境

现代办公空间光环境设计的内容在深度和广度上是多层次、多方位的，它集实用性、装饰性、文化性于一体，成为实现特定构思、获得特定意境的重要手段。

1）自然光环境设计

充足的自然光线能在一定程度上满足室内的照度要求，这样就可以减少人工照明，节约能源。此外，从人性化的角度出发，办公空间中应尽可能地利用自然光线，以满足人们从生理到心理层次的需求。

自然光线主要通过建筑的窗洞和中庭引入办公空间，洞口的大小和透明度是影响采光量的主要因素，但这些因素往往是不可变的，设计师的任务是在有限的条件下进行最优化的设计。通常情况下，自然光可以渗透到室内空间 5 m 左右，但会随着房间的深度不断衰减，使得室内亮度不够均匀，将隔断、较高的家具摆成与窗所在墙体垂直，能够最小限度地遮挡光线（见图 6-22）。自然光线还能通过顶棚、墙面、地面等反射到室内空间中，这些表面的色彩和质地在很大程度上决定了室内光线的强弱。对于一些采光受限制的大空间办公，尤其应该采用浅色的表面，以加强光线的反射。

自然光环境的设计还应考虑它的不利因素，如过于强烈的光线、眩光会对人的眼睛造成伤害，灼热的日光会提升室温，增加空调能耗，在这种情况下，要利用遮阳板或百叶窗帘等进行遮蔽。

2）人工光环境设计

人工光环境作为自然光环境的必要补充，其设计首先要满足最基本的视觉要求，即要有适当的照度标准（见表 6-3）、合理的照度分布、正确的投射方向、适宜的光色，同时避免各种眩光的出现。

图 6-22　垂直窗户布置隔断、天花

表 6-3　办公空间照度标准

房间或场所	参考平面及高度	照度标准值(lx)	UGR	Ra
普通办公室	0.75 m 水平面	300	19	80
高档办公室	0.75 m 水平面	500	19	80
会议室	0.75 m 水平面	300	19	80
接待室	0.75 m 水平面	300	—	80
营业厅	0.75 m 水平面	300	22	80
设计室	实际工作面	500	19	80
文件整理、复印、发行室	0.75 m 水平面	300	—	80
资料档案室	0.75 m 水平面	200	—	80

但是,办公空间的人工照明不能简单地理解为提供足够的照度。一般情况下,当照度达到 100 ~ 150 lx 时,再增加照度并不能有效地提高对象的可见度和视觉的舒适度,在这种情况下,需要将原有照度成倍地提高才会有较为明显的效果,然而亮度过高可能会导致眩光和注意力分散,反而降低了可见度和舒适度。光环境设计除了满足人的作业要求外,还必须综合考虑光线的性质和质量,根据设计师的总体构思,采用灵活的照明模式。

(1)一般照明同局部照明相结合。以往的办公建筑照明,更多地从满足使用者视觉功能的角度出发,采用全部或区域的均齐照明,即照明灯具均匀对称地排列在天花板上,以提供一个照度均好的工作界面。这种照明模式缺乏针对性,造成能源浪费,对此,现代办公空间的人工光环境设计提倡采用一般照明同局部照明相结合的方式。

这种照明模式的主要设计思想就是保持一个不必很高的背景照度水平,同时根据工作种类决定区域与个人的局部照度。一般照明为整个环境提供柔和、均匀的背景灯光,以保证办公空间尤其是走廊、楼梯等公共区域的最低照度水平。局部照明则在工作区域根据需要安置相应的照明灯具，并可以通过区域或个人加以调节，具有很大的灵活性，也可以有效地避免因为过亮的环境造成的眩光问题。这种照明方式不仅节约能源，而且在局部亮度、光色的变化中创造出独特的效果，使照明同办公空间结合的更加紧密（见图 6-23）。

图 6-23　一般照明同局部照明相结合

（2）间接照明。传统照明方式多采用灯具直接照明的方式，效果单一。间接照明则是将 90% 的灯光照射在反射物体上，再由反射物体形成的照明方式。常见的间接照明多用灯具照射墙壁、顶棚或是反射板，以形成漫反射光照效果，其特点是光线柔和，视野中不会有直接眩光的出现，多用于营造宁静、柔和的环境气氛。随着办公空间的开放化，间接照明得到了广泛的运用，它既解决了直接照明在计算机上形成的眩光，又改变了传统照明亮度过于均匀、呆板的照明效果。

间接照明主要是依靠灯具的反射作为二次光源，进行设计时，要注意以下三个要素：一是光源同受光面的距离，它决定了二次光源的大小和强弱；二是受光面的条件，它的颜色和材料直接影响二次光源的光色及方向；三是光源的遮光，间接照明必须很好地隐蔽直接光源，以免造成眩光，破坏整体光环境效果（见图 6-24）。

图 6-24　间接照明

(3)灯具布置的艺术效果。目前,照明装置主要分为三类:固定灯具、独立灯具和家具灯具,其中前者主要为固定在天花、墙面上的灯具,负责环境照明,后两者用于局部照明,通常具有一定的灵活性,可以根据工作需要自由加减或是调节方向、角度,能够充分满足现代办公对空间灵活布局的要求。针对不同的照明装置进行合理的灯具的布置,不仅会取得照度合理、避免眩光、散热良好等实用效果,而且具有突出空间造型元素与渲染环境气氛的艺术效果,主要表现在以下两方面:

①表现空间。通过灯具的选择与布置,控制光线的隐现、虚实、动静等,建立光的构图,以展示建筑的空间特征,并利用布光的方向、色彩、对比等改善空间的比例,限定空间领域,强调视觉中心,丰富空间层次。图6-25是某事务所等待空间的灯光设计,在较暗的环境背景下采用不同的光色、投射方向,划分出不同的空间领域。

图6-25　丰富空间层次的灯光

②装饰空间。照明对空间的装饰作用,一方面体现在通过灯具自身的造型、质感及排布方式等,对空间进行点缀或强化某种艺术效果,如办公桌上的艺术台灯、会议室的吊灯,都属于这一类装饰(见图6-26)。另一方面,将灯光投射在室内的特定部分形成一定的形状和韵律感(见图6-27),或是将办公空间的某些部件做成发光体,如光墙、光梁,借助光影、材质的变化创造别致的空间气氛。

6.3.2.2　办公空间的声环境

办公人员的工作质量,在很大程度上受办公环境的声学质量的影响。根据研究显示,超过70%的工作人员认为,假如工作环境内的噪声降低,他们的工作效率将可提高。

1)噪声与背景噪声

凡是干扰人们休息、学习、工作的声音,即不需要的声音统称为噪声。这说明,噪声不仅与声音的分贝等级有关,还与它所干扰的人的行为及个人对声音、声源的感应有关。已有的研究表明,噪声能引起人体血压、心率等方面的变化,从而导致疲劳、头痛、烦躁、失眠、交流障碍等不适甚至疾病。在几组关于噪声对人的智力、能力影响的试验结果中显示:在53~57 dB的低噪声背景中,受测试者的记忆力、注意力、领会能力呈恶化的趋势。而这类噪声在许多现代办公建筑中大量存在,并且随着越来越多的诸如个人计算机、扫描

图 6-26　具有装饰效果的灯具

图 6-27　光的韵律

仪、打印机等现代化办公设备的出现，呈上升趋势。表 6-4 所列是对办公空间内各功能用房的允许噪声值。

表 6-4　办公空间噪声指标

房间名称	理想噪声值(dB)	最大噪声值(dB)
大办公空间、大型会议室	30	40
个人办公室、接待室	40	50
中小型会议室	45	50
打字复印室、计算机房	50	60
制图室	60	65
其他辅助用房	65	

某一区域中来自各个方向的各种各样的声音的总和，称为环境噪声，而将环境噪声中除去所需要的信号声以外的总噪声，称为背景噪声，也称本底噪声。办公空间的背景噪声控制水平有一定范围限制，既不能过高，也不能过低。背景噪声过低会造成环境过于安静，不仅使人精神紧张，而且每个职员都可以清楚地听到别人的低声谈话，影响集中精力工作。背景噪声过高就会演变为噪声，使人感到环境嘈杂，从而烦躁不安，导致发生差错。因此，适当的背景噪声应是由各种各样的噪声合成且没有任何干扰作用的噪声。要达到良好的声环境效果，必须严格控制背景噪声的声压级，一般来讲，办公室内的本底噪声应保持在45～50 dB，在会议室等有特殊安静需要的房间中，分贝值应相对低一些。

2）现代办公空间的声环境设计

现代办公空间的声环境设计重点在于加强常音，控制噪声，要以各种方式将噪声抑制在规定的标准以下，减少或消除噪声所带来的危害。控制噪声的方法主要有三种：一是减少噪声源；二是限制噪声传播；三是采取噪声接收者的个人防护措施。办公室的噪声控制主要采取前两种方法。

（1）减少噪声源。办公空间中主要的噪声来源包括室外传入的噪声（交通、行人等）、室内空调系统及办公设备的噪声、室内办公人员活动交谈所产生的噪声。声环境设计应对这三种噪声来源进行控制。首先，对于室内来讲，建筑物的门窗洞口是隔绝室外噪声的薄弱环节，也可看做是噪声的来源，因此在设计时应合理安排它们的位置、数量及大小，也可采用双层构造，并在缝隙处做密封处理。其次，共用办公设备如打印机、传真机的放置应尽量集中，家具的接触面采用柔软的吸声材料，空调系统的出、进风口应远离工作区域，布置均匀。最后，在进行室内设计时要考虑员工的休息活动区，一些非工作性质的活动和交谈都可以在这里进行。

（2）控制噪声传播。减少噪声源对于改善声环境的效果非常有限，因为大部分噪声的产生是不可避免的。因此，被动的噪声控制方法，即限制已有噪声的传播，在声环境设计中占有相当的比例。

声音的传播方式分为直接传播和反射传播两种。针对直接传播，可以采取隔声处理，在产生噪音声源的周围设置隔声屏障，工作单元的布置应将开口错开，以避免声音互相穿越，也不要将开口正对着有反射噪声的硬表面构件。对于声音的反射传播，调整反射面的角度及材料是最好的方法，多孔柔软的表面可以较好地吸收噪声，凸凹不平的表面可以消解噪声。在办公空间中，天花常采用吸声材料作为装饰面层（如穿孔石膏板），并设计一定的造型，对声音进行吸收和不规则反射；采用浮式隔声地面（见图6-28），可以吸收走路所产生的噪声，在一些对声音条件要求高的办公场所和会议室等采用效果很好。

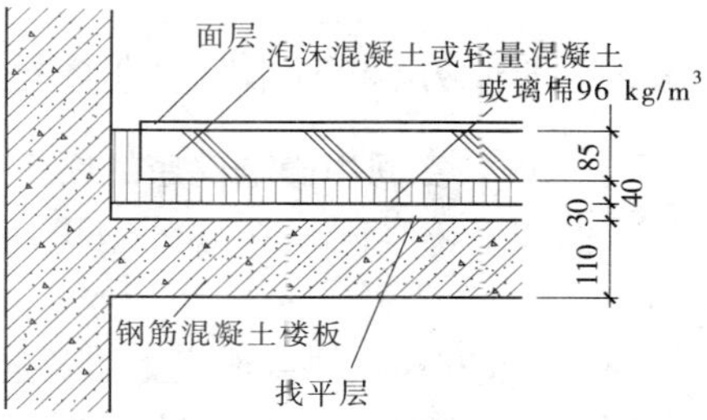

图6-28　浮式隔声地面构造　（单位：mm）

6.3.2.3　空气、热环境

1）空气品质

空气品质的好坏直接影响人的身心健康和精神状态，现代办公空间需要的是舒适的室内空气环境，使人的身体调节机能处于最低活动状态，从而更好地集中精力工作。根据人体工程学的研究，最适于人体的相对湿度为40%～65%，最大空气流速为0.15 m/s。传统的自然空气受外界影响很难满足办公环境长期稳定的要求。因此，现代办公空间大都设置了空气调节系统。

影响办公空间空气质量的主要源头为复印机、传真机以及家具饰物所散发出的气体，而由于挡板屏风、文件柜的阻碍，使这些气味难以散出，传统空调风机盘管的送风也难以到达每个角落，从而造成室内空气质量分布不均。针对这种情况，设计中可以采用地下送风或桌面送风的空调方式，通过下送上排的方式进行空气流通，在进行空气调节的时候，使清洁的空气先经过人体，将污染的空气置换掉，从而提高换气效果。使用桌面送风方式，还有利于平面的灵活布局，易于实现集中空调的个别化。在背景空调的基础上，办公人员可以通过桌面空调调节风量，使个人工作区域的局部风量、风向达到自己满意的程度。

2）热环境

办公空间热环境是与人的"热舒适"有关的室内温度、湿度及气流速度等。"热舒适"在研究人体对热环境的主观热反应时已被广泛应用。在美国供暖制冷空调工程师学会的标准中，热舒适被定义为"对热环境表示满意的意识状态"。人体同周围环境之间达到热平衡时，既不感到冷，也不感到热，这种状态就是达到了"热舒适"状态。人与周围环境之间的热传递方式主要有以下三种：对流传热、辐射传热和汗的蒸发传热。这三种热传递方式的环境要素包括室温、气流、湿度等，因此可以通过对它们的控制来调整室内热环境，实现热平衡，达到舒适的要求（见表6-5）。

表6-5　空调办公室内空气参数

季节	空调方式	室温（℃）	相对湿度（%）	空气流速（m/s）
夏季	制冷	26～28	40～65	<0.3
冬季	供热	18～22	40～60	<0.2

对室内热环境的控制也主要是通过空调系统来实现的，常见的有分体式空调和中央空调两种形式。无论采用何种空调方式，都应将室内外温差控制在一定的范围内。夏季，办公室的温度不能太低，温度太低，室内外温差太大，进出空调房间，人需要较长的时间才能适应，对于体质较弱的人群，由于自身调节能力太弱，很容易伤风感冒，感染疾病。冬季，室内空气干燥，如果温度过高，相对湿度将更为减小，人会感到口干舌燥，甚至憋闷。合理地控制室内空气的温度、湿度可以改变人们对室内空气品质的感觉。

6.3.3　现代办公空间的生理环境

6.3.3.1　办公空间中影响健康的因素

人们如果长时间呆在办公室里，有时会感到身体不适，这主要是由两方面的因素引起的：

（1）办公方式。随着现代生活节奏的加快，工作强度的增加，很多人经常长时间坐在办公桌前，很少起来活动，再加上作息制度所规定的午餐、午休的时间也很短，办公人员得不到充分有效的休息。

(2)办公条件。这里所说的办公条件主要是指前文所述的光、声、热和空气等物理条件,这些条件如果达不到要求,将会严重影响人的心理健康。特别对于一些特殊的工作,如电脑设计、打字复印等,办公人员时刻受到电子设备的辐射和噪声的干扰,这对办公生理环境的设计提出了更高的要求。

6.3.3.2 办公空间生理环境设计

在进行办公空间的设计时,在考虑空间、视觉效果的同时,还要想方设法保证办公人员的身体健康。这里介绍几种常见的方法。

1)机动设计

研究表明,人们在工作时身体的全部或局部会处于不自然的姿态,这种姿态导致了肌肉与骨骼的非正常负荷,即使在正常的姿态下,长时间固定不动也会使人疲劳,为了获得舒服的感觉,人每隔 8 ~ 10 min 就会改变坐姿。这就要求座椅不但要符合人体工程学,而且要具有一定的灵活性,能够满足人的不同坐姿,既能工作也能进行简单的休息(见图 6-29)。图 6-29为目前常用的办公座椅形式,它的高度可在 380 ~ 450 mm 范围内进行调节,椅背的倾斜角度可调节,调节范围相对座面为 100° ~ 124°,扶手可在 180 ~ 250 mm 范围内调节(见图 6-30)。

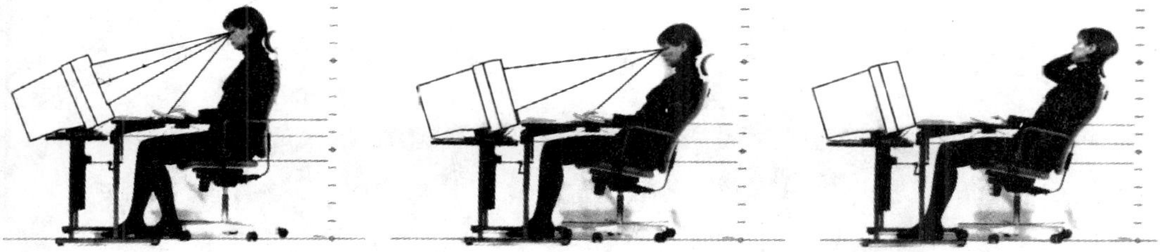

图 6-29 工作形态

2)简约设计

适用、经济、美观是建筑设计的方针,也是室内设计应该遵循的原则。过多的装饰不仅会显得烦琐,让人产生视觉疲劳,而且会留下很多隐患(材料所释放的有害气体,在装修死角滋生的细菌等),直接影响人的身体健康。现在有的办公空间不做吊顶,只是施以简单的色彩,直接将建筑的结构形式、设备的各种管线暴露出来,也取得了很好的视觉效果。极少主义流派更是摒弃装饰量的堆砌,强调细部的精心设计及材料色彩的对比,达到视觉的冲击效果(见图 6-31)。简约的空间设计不仅有利于创造健康的生理环境,也符合办公简洁、高效的特点。需要注意的是,“简约”不是“简陋”,简约设计并不等同于不加思考的简单设计。

3)绿色设计

办公空间生理环境设计中的绿色设计主要考虑装饰材料的选用、人工环境的制造以及绿色植物的搭配等几个方面。装饰材料的选择提倡绿色环保,尽可能地接近自然,砖、木材、自然织物等都是不错的选择。进行设计时家具陈设最好不要遮挡自然光线和通风,在采用人工方式照明或空气调节进行补充时,也要适度适量。室内摆放绿色植物,在美化环境的同时可以适当改善室内小环境,并可增加空气湿度,很多蕨类植物还有去除甲醛的作用。

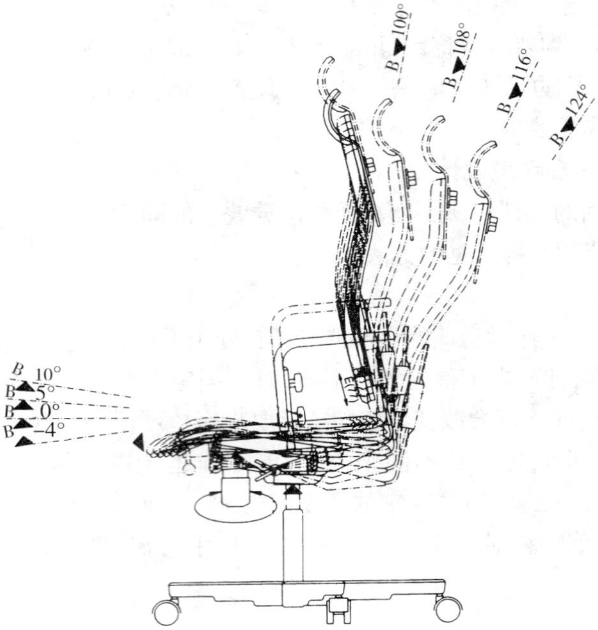

图 6-30　可调节座椅

图 6-31　极少主义工作空间

6.4　现代办公空间的形态设计

6.4.1　办公空间的形态

在进行办公设计之前，首先要了解对象的性质、要求，然后在此基础上进行构思、深入设计，这样才能保证设计的正确性、完整性。

6.4.1.1　办公空间的分类

根据办公空间的服务对象可将其划分为：

(1)行政机关。主要指各级党政机关、政府职能部门等。

(2)企业单位。主要指以营利为目的，从事商业经营活动或某些目的而成立的组织，如工厂、公司、商业机构等。

(3)事业单位。主要指为了社会公益目的，从事教育、科技、文化、卫生等活动的社会服务组织。

(4)个体事务所。主要指由个人创办的小型办公机构，如设计事务所、法律事务所等。

根据办公空间的功能可将其划分为：

(1)办公空间。办公人员的工作场所，是办公空间设计的核心内容。

(2)会议空间。为办公人员群体项目讨论、决策商议、信息传达和反馈的场所。

(3)服务空间。包括为办公提供生活服务和后勤管理的空间，以及资料交流、收集和存放的空间。

(4)交通空间。室内用于交通联系的空间，包括水平交通和垂直交通。

(5)辅助空间。为办公所需要的配电、空调等设备用房。

6.4.1.2　办公空间形态构思

意在笔先，进行办公空间设计时，必须要有一个好的构思来指导设计。构思的过程大致分为三个阶段：准备阶段、深入阶段和完善阶段。

(1)准备阶段。这个阶段工作内容的显著特点就是对外部信息的分析与处理，归纳起来讲就是三个“W”和一个“H”。三个“W”即 Who(业主是谁，属于何种性质)、Where(设计对象在整个空间处于何种位置)、What(设计具体包括哪些内容)，一个“H”即 How，采用什么样的手段来实现设计。在这个阶段，收集资料时可以采取多种方式，尽可能做到详细、全面。比如：对设计的具体要求，一方面可以从任务书中获取，另一方面可同甲方直接交流，以记录的方式收集整理；对同类设计的借鉴与学习，则要依靠实例调研，对现场进行速写和拍照，或从书面资料中获取。

(2)深入阶段。是在准备阶段的基础上，对设计所应解决的各个问题综合的考虑，在这个阶段，对室内空间的构想逐渐形成，并进行初步的表达。该阶段需要完成下列工作：对空间的主要内容的安排有大致的布局设想；合理布置各功能部分，组织好相互之间的交通联系；确定所要采取的风格，明确空间的视觉艺术效果以及给人带来的心理感受；材料的选择，各种设备系统的选择，工程的经济概算等。总之，在这个阶段需要综合考虑几乎所有的问题，并提出相应的解决办法。

(3)完善阶段。是整个构思过程的最后阶段,它是指方案构思基本确定后,对其细部及各种技术问题的最后调整。该阶段的主要任务是确定局部的具体做法、各个部分确切的尺寸、构造节点的处理等,完成设计意向的最终表达。

6.4.2 办公空间

6.4.2.1 办公空间布置类型

根据办公空间的布置方式大致可分为以下几种类型:小型独立式、单元式、中大型开敞式、酒店式以及公寓式。

小型独立式办公面积一般较小,空间相对封闭,办公环境安静,抗外界干扰能力强,但是同其他的办公空间联系不够直接和方便(见图6-32)。独立式办公布置的典型方式是由走道将大小近似的空间串联起来。

单元式办公具有相对独立的形式,其空间按办公的需要可分隔为接待区、办公区、会议室、盥洗室等(见图6-33)。单元式办公不但能够在较小的空间内满足办公大部分的功能要求,而且能在使用要求发生变化时,进行及时、灵活的调整。

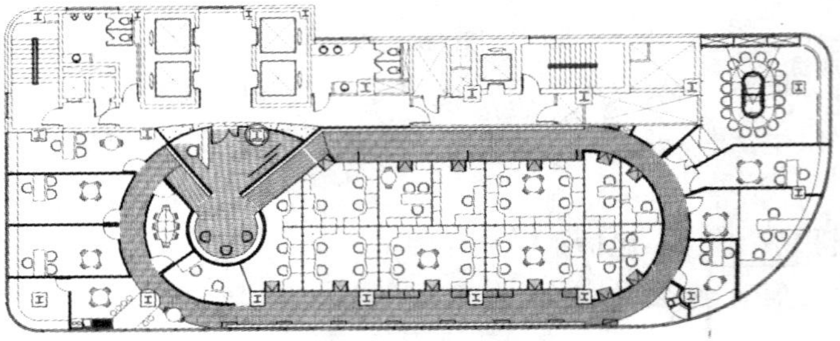

图6-32 小型独立式办公

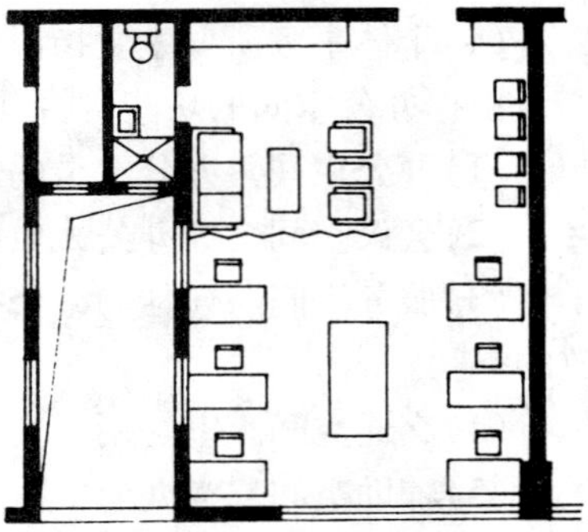

图6-33 单元式办公

中大型开敞式办公面积较大,空间分隔较少或不作分隔,各员工的办公位置根据工作流程组合在一起,各工作单元及办公组团内联系密切,有利于统一管理。相对于小型独立式办公而言,开敞式办公设施完备且能共享,交通面积和结构面积得以缩减,提高了办公空间的使用效率,但是也带来了工作人员相互干扰、噪声不易控制等问题(见图6-34)。

酒店式办公是一种具有多重功能的服务型办公空间,将办公、居住、娱乐等融为一体。它面积较小,多在50~70 m^2,房间多是精装修的,其设备和酒店使用的配置一样,并且和普通的酒店一样,设有专业的管理服务部门,为入驻写字楼的企业提供酒店化的服务。比起普通办公方式,酒店式办公的成本更低,更舒适、更便捷,主要适用于规模不大,但流动性很高,对办公空间的档次有着较高要求的公司。

公寓式办公也具有居住、工作的双重功能,同酒店式办公不同的是,它是将办公、接待、生活服务设施安排在同一个独立的单元之中,因此其内部空间尤其注重私密性与公共性相互关系的处理。公寓式办公代表了自由、开放、弹性的工作方式,空间的表达也充满了个性。

6.4.2.2 普通办公空间设计

办公空间设计的总体原则是:突出现代、高效、简洁与人文化的特点,在此原则的指导下

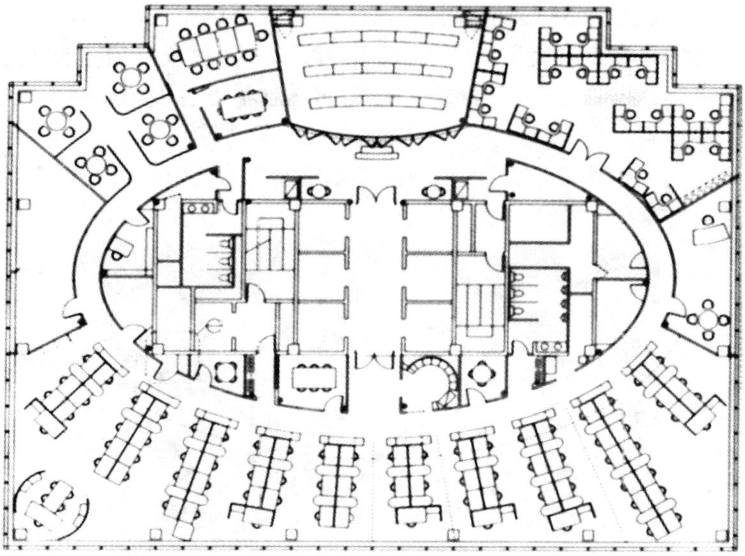

图 6-34　中大型开敞式办公

综合考虑平面分区、界面处理、灯光照明、材质色彩、氛围营造等各个方面。

平面的布置首先应掌握工作流程关系以及功能空间的需求，据此确定各个部分的大致布局和面积分配比例，确定出入口和主次通道的大致位置与关系。根据设备、家具、人之间的关系，确定最优的组合方式（见图 6-35）。

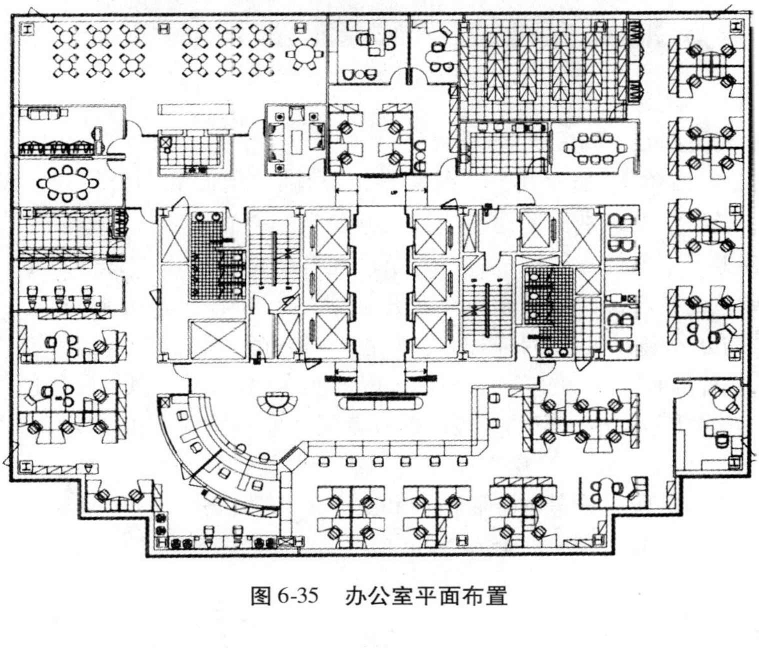

图 6-35　办公室平面布置

办公空间界面的处理宜简洁，应考虑管线铺设、连接与维修的方便。办公室的天花、墙面处于室内较为显要的位置，其造型和色彩等方面的处理以淡雅为主，以有利于营造宁静的办公氛围。地面选用易于清洁、能防止静电、降低噪声的材料。

办公空间的总体环境色调宜清新淡雅，如略偏暖的淡米色或略偏冷的淡蓝色等，为使室内色彩不宜过于单调，可在挡板、家具的面料选材时适当考虑色彩明度与彩度的配置。在装饰处理上不宜过多堆砌材料，而是运用材质的搭配起到画龙点睛的效果。

充分利用各种处理手法进行设计，如空间的限定与围合、渗透与开敞、组合与分割等，使空间具有丰富的层次感（见图6-36）。

图6-36　普通办公室

6.4.2.3　高层人员办公空间设计

高层人员是行政单位、企业或公司的领导核心，因此他们的办公室通常设在重要的位置，其空间大小及装饰的级别也远远高于其他办公空间。高级职员的办公室在平面上多为套间布局，即在办公室前设置秘书、接待室，条件允许的话还可以设计休息室。根据办公行为流程规律，单位的核心部门均紧靠高参人员办公区域，如财务室、主管室等。

高层人员的办公空间在界面材料的选择、色彩的配置、家具的造型、装饰及陈设的布置上都要营造出一种高雅、庄重的气氛。地面可以铺实木地板，或覆以优质地毯，墙面可软包，天花用轻钢龙骨作造型处理。家具一般配置有专用经理办公桌椅、信息设备、书柜、资料柜、接待椅或沙发等。一方面由于高层人员在公司或企业的特殊地位，使其办公室成为对外展示的良好场所，设计时应充分考虑企业精神和文化的表达；另一方面，高层人员办公室在某种意义上属于自有空间，更利于其个人喜好、个性的表达（见图6-37）。

6.4.3　会议空间

6.4.3.1　会议空间分类

在进行会议空间设计之前，必须了解它的种类、大小和使用性质。根据参加人数的规模

图 6-37　经理办公室

可将会议空间分为以下四类，它们有各自的空间特点：

（1）小型讨论空间。这类空间多设在工作空间内部，进行一些小型的、非正规的讨论，时间短，参加人数也很少。由于对视听环境没有特殊的要求，不用单独处理成封闭的空间，可根据场地条件灵活布置。常见的形式为紧邻办公的四人桌，或者只是在办公桌前增加几把椅子（见图 6-38）。

图 6-38　小型讨论空间

（2）小型会谈室。在分工明确的办公室里，每个专业小组都需要有一个专用会议室，进行小范围的讨论。小会议室对视听有一定的要求，需要一定的围合感，其位置多在工作空间附近，既联系方便，又互不干扰，工作小组规模一般在 10 人左右，布局多为面对面或围聚的方式，便于人员之间的交流（见图 6-39）。各界面处理较为简单，主要通过天花造型和灯光来突出会谈区域，烘托气氛。

（3）中型会议室。人数规模一般在 10～50 人，供大部门使用，空间形态比较完整，有一定的严肃性，对视听环境要求较高。由于中型会议室是最为常见的会议空间形式，我们将在下面对它的设计进行专门的讨论。

图 6-39　小型会谈室

(4)大型报告厅。人数规模在 50 人以上,一般供全体员工使用,空间开阔,形态规整、严谨。大型报告厅除了会议功能,通常还配有多媒体设备,为了保证理想的视听效果,需要对顶棚、墙面进行吸声、反射等处理。因此,它是艺术同技术结合最为紧密的空间(见图 6-40)。大型报告厅还应设置相应的辅助空间,如贵宾室、休息室、设备控制室等。

图 6-40　大型报告厅

6.4.3.2　**中型会议空间设计**

中型会议室因私密性的要求,使用时常常封闭,此时空间的比例对空间的感受有直接的影响,一般其长、宽、高的比(1.618∶1∶0.618)越接近黄金分割比例越好,这样也自然地在空间的长方向形成了一条轴线,可体现出会议主持者的身份及地位。会议室内部可细分为会议空间和辅助空间两部分,会议空间由会议桌、椅构成,辅助空间由走道和沙发、茶几等构成,两个空间相辅相成,相互衬托。

中型会议室的各个界面有着不同的作用。主席位通常设在轴线上,垂直轴线方向的两个墙面需要重点地设计,尤其主席位背对的墙面,是整个会议空间的视觉焦点,也能反映出公司的形象与品位。平行轴线方向的两个墙面作为会议空间的背景,在色调和形式上烘托主立面。天花应通过高度和形式的变化同家具、地面取得一定的呼应关系,从而进一步限定空间(见图 6-41)。

图 6-41　中型会议室

中型会议室多采用人工照明同自然采光相结合的方式。在对光线没有特殊要求的情况下以自然照明为主,在自然采光不足或进行多媒体放映时,可切换到人工照明。照明一方面要满足空间的基本照度,保证与会人员的读写、交通要求;另一方面则应突出重点,在能够表现空间性质、特点的地方,从光的照度、光色、方向等方面进行强化。

6.4.4　服务空间

6.4.4.1　休憩空间

办公空间设计中,为了解决员工长时间工作所产生的精神上和生理上的疲劳,需要提供休息、娱乐的空间,这是办公空间人性化的重要体现。休憩空间的主要形式有休息室、咖啡厅和一些散布的休息座椅,其位置应远离工作区,并尽可能地靠近建筑物外墙,以取得良好的视觉环境,将阳光引入室内(见图 6-42)。空间造型亲切、活泼,选择自然的材质进行装饰,内部设置丰富的绿化,并提供适合不同人数休息的座椅和简单的娱乐设施,使员工身心得到彻底的放松。

图 6-42　休憩空间

一些办公楼根据需要还需要设置一定面积的餐厅，由于它只是为员工提供自助餐等简单的饭菜，是非商业性的，设计风格尽量清爽、简洁。如果就餐员工不是很多，还可以在工作空间附近设置简易厨房，由员工根据自己喜好制作食品。

6.4.4.2 展示空间

办公空间中的展示区主要是用来陈设公司的历史资料、产品及发展规划等。在设计中，展示环境要同周围的环境、气氛相统一，并表现出个性及独特的构思。展示方式以开放式为主，注重声、光、电脑的综合运用，以加深观众印象。在色彩方面，展示空间应有主题色，企业的标志色、商标标准色能够使展示内容更加突出，此外运用色彩之间的对比，能够优化展品的视觉效果。在照明方面，需考虑大空间的一般照明以及适用于展品位置、观众活动区域的局部照明，将光线按气氛光、形象光、导向光等进行组织，同时避免眩光的出现。展示的设置也并不局限于一定的区域，巧妙的设计能够让人不经意地、随时地感受到产品的存在，它融合在办公、交通、休息等各个空间当中，既是空间中的装饰，又是形象的展示，图 6-43 中的小型会客室便是很好的实例。

图 6-43　等待空间中的展示

6.4.4.3 图书、档案室

人们在传统的图书室主要是阅读，很少交流，现代办公空间中的图书室已经成了信息中心，因此常与小型讨论空间结合起来设计（见图 6-44）。图书室的内容不仅仅是图书，还应考虑现代化的信息检索方式，如幻灯、计算机网络等。档案室的设计要从功能出发，面积和位置除了要使用方便外，还应符合安全、保养维护的要求，墙、地面一般采用不起尘、易清洁的材料。

图6-44　开放的资料室

6.4.5　交通空间

6.4.5.1　门厅

门厅是连接办公内外空间的枢纽,是展示公司形象的窗口。作为单纯交通空间的门厅,一般来讲满足疏散的要求即可,兼有休息和接待功能的门厅,必须划分出不受交通干扰和穿越的空间,并创造出开敞、明亮的空间效果。门厅作为进入办公空间的起点,设计时需要注意以下几个方面:

(1)完整性。为了使人形成完整的第一印象,门厅需要比较明确的空间界定。尤其对于没有完整界面的入口空间,需要利用装饰构件进行围合,或者将地板、天花设置成不同的高度以限定空间(见图6-45)。在保证门厅完整性的同时,还要注意内外空间的相互渗透,形成自然的过渡关系。

图6-45　某数据公司门厅

(2)导向性。为了更好地疏导各类人员，门厅必须有明确的导向性。具有明显方向性的地面铺装、天花造型以及空间形式等都能够很好地起到引导人流的作用（见图6-46）。

图6-46　有明确导向性的大厅

(3)艺术性。门厅的艺术性主要表现在其空间的形状、大小，界面的色彩、材质及装饰设计上。位于门厅的接待空间除了满足其基本功能外，更是要对其进行重点的艺术处理，如采用公司的标志牌、标准颜色等，结合局部照明，突出自身形象（见图6-47）。

图6-47　COMPAQ 韩国公司入口

6.4.5.2　走廊

作为连接各功能区的水平交通空间，走廊的设计日益得到重视。传统的走廊多为方正封闭、静态单一的空间，色彩朴素淡雅，灯光均匀柔和。现代办公走廊的空间形态多样，引入了弧形墙、不规则几何形体等界面，配以丰富的装饰、鲜明的色彩，呈现出很强的动态性、导向性和趣味性（见图6-48、图6-49）。一些办公空间还将室内走廊室外化，通过局部的透空处理，设置相应的绿化、小品以及灯光照明等，使人在行走过程中得以放松。走廊还可以同其他空间(如办公、休息等)共同构成复合空间,大大丰富了空间的层次。

图6-48　弧形界面增强了走廊的流动感

图6-49　趣味性很强的通道

6.4.5.3　**楼梯、电梯厅**

楼梯、电梯属于垂直交通空间。楼梯的位置、大小由建筑设计确定,一般不能改动,这里所涉及的主要是在室内设计中所增加的开敞式楼梯。增设的楼梯由于受规范约束较小,有着宽裕的变化余地。它常以特殊的尺度、体量,变化的空间方位,多样的结构形式和可塑的装饰手段，在办公空间的内部处理中起着极其重要的作用，有时甚至是整个空间的视觉焦点(见图6-50)。开敞式的楼梯可以在不同高度创造出多层次的空间，一个位置适当的楼梯不但能够联系上下空间，还能起到划分水平空间的作用。

电梯厅的风格应该从属于办公空间的整体构思，其设计主要围绕功能展开。不同于通过性的走廊和楼梯，人们在这里需要短暂地等待。因此，电梯厅的地板、天花、墙面应共同构成一个相对封闭、完整的空间，其性质是静态的。由于电梯厅的空间较小，一方面要利用色彩、灯光及装饰物形成的方向性等扩大空间感，另一方面则要加强细部的设计，形成视觉落点，减缓人们等待电梯时产生的焦虑情绪(见图6-51)。

图6-50　造型丰富的楼梯

图6-51　电梯厅

第7章　休闲娱乐空间室内设计

7.1　休闲娱乐空间的概念与分类

近年来，随着社会进步、经济发展、人民生活水平的不断提高，人们已经不再仅仅满足于简单的温饱型消费，渐渐开始追求小康生活的新标准，追求生活的多样性、休闲性和娱乐性。这种转变从街头雨后春笋般涌现的休闲娱乐场所到竞争日益激烈的旅游市场消费中可见一斑。于是，立足于城市的休闲娱乐空间在我们的生活中渐渐扮演了越来越重要的角色。

7.1.1　休闲娱乐空间的概念

休闲娱乐相对于学习、工作而言是生活的另一种形态。满足人们休闲娱乐活动的场所就是休闲娱乐空间。在这里，人们通过各种休闲娱乐活动来放松自己，缓解工作中的压力；也可以通过休闲娱乐的方式来进一步完善工作和学习，在轻松的方式中完成人与人之间的交流和沟通。

从穴居时代的篝火庆祝狩猎到现代生活中的酒吧、茶座、夜总会，从中国的梨园戏台书馆到国外宏大高雅的歌剧院，从少数民族的赛歌会到遍布城市中大大小小的KTV、演艺会所，从古长安的华清池到现代化都市的洗浴中心，从酒饭茶肆到大酒店、私房菜馆，古今中外的人们无时无刻不在用休闲方式的变化来追求生活质量的提高和生活方式的改变。特别是在生活节奏日益加快的今天，工作之余的放松休闲得到了越来越多人的重视。例如，很多大中城市渐渐产生了酒吧一条街这种新的娱乐群体集合。可以这么说，休闲娱乐空间在调节人们生活节奏、提高生活质量方面起着举足轻重的作用。

休闲娱乐活动无外乎聚会、餐饮、观演、自我娱乐、互动娱乐、旅游消费等。休闲娱乐场所的主要目的是服务于人。我们要依照这些要求，结合时代特色，更好地服务消费主体，同时增强设计中的人文性，突出特色。这应该是我们在进行设计时要注意和深入探讨的问题。

7.1.2　休闲娱乐空间分类

休闲娱乐空间因为性质不同、服务对象不同、追求目标不同、市场定位不同等，可分为不同的空间类型，相应地也有不同的设计手法和注意内容。

随着科技和物质的快速发展，更多更现代的休闲娱乐方式不断涌现，设计师要不断地学习和充实自己，跟上这个多样化消费时代的特点。但是也要懂得，人们对美的基本认识和美的基本元素不变。形式上令人耳目一新的同时也不能停止对满足、完善功能方面的探索和创新。

休闲娱乐空间因涉及内容广、种类繁多，并且在空间功能和性质上往往具有综合性、多元性特征。由于着眼点不同，对其分类也有着不同的归纳方法。

7.1.2.1 按空间功能分类

休闲娱乐空间按空间功能分类见表7-1。

表7-1 按空间功能分类

(1)文化娱乐空间	KTV(卡拉OK)，夜总会，迪厅，慢摇吧，影剧院，游乐场，网吧，书吧……
(2)康体中心	洗浴中心(桑拿、足浴)，按摩保健，健身中心，美容、美发、美体中心，运动场馆(保龄球、桌球)……
(3)酒吧、茶舍空间	酒吧，茶舍，茶餐厅……
(4)俱乐部、会所	俱乐部，会所……
(5)其他	DIY物品制作店……

(1)文化娱乐空间。文化娱乐空间主要指KTV、歌舞厅、影剧院、网吧、书吧等具有文化娱乐性质的休闲空间。这类空间通过歌舞表演、舞台演出、网络咨询等娱乐形式对消费者传递着文化信息。使消费者在接受信息的同时得到精神上的放松。

(2)康体中心。康体中心包括洗浴、足浴、按摩保健、娱乐健身、美容美体等以保健、锻炼为内容的休闲娱乐空间，现在的康体中心正向着多元化、综合化的方向发展。如一些大型洗浴中心不仅给消费者提供洗浴、按摩的基本功能，还融入了表演、饮食、住宿、会谈、娱乐等休闲空间。

(3)酒吧、茶舍空间。随着城市的兴起，人们生活节奏的加快，酒吧、茶舍这些地方因为其随意性、轻松、灵活性渐渐地被人们所喜爱。每个城市都有或多或少特色的酒吧，那么伴随而来的就是与其相关的酒吧文化。

这些地方，成为人们聚会、休闲、消磨时光的好去处，在城市中也最为常见。它们的存在不受太多的空间限制，也同时可以满足人们的不同需求。其空间布置更多注重特色和创意，突出主题性。

(4)俱乐部、会所。俱乐部、会所是指某类从业者或某项运动爱好者聚会交流的场所，例如香港皇家游艇俱乐部、广州温布顿网球俱乐部等。这类空间通常都有一定主题性，针对俱乐部主题给会员提供活动、聚会交流、餐饮及休闲娱乐内容。

(5)其他休闲娱乐空间。随着时代的进步，各种各样的休闲娱乐空间层出不穷，在这里无法一一详尽列举。例如悄然兴起的某些发泄休闲场所、DIY物品制作店等。

7.1.2.2 按消费者参与程度分类

休闲娱乐空间按消费者参与程度分类见表7-2。

表7-2 按消费者参与程度分类

(1)主动休闲娱乐空间	卡拉OK，游乐场，电玩厅，歌舞厅，迪厅，慢摇吧，网吧，书吧，运动场馆(保龄球、桌球)……
(2)被动休闲娱乐空间	影剧院，按摩保健，美容、美发……
(3)互动休闲娱乐空间	俱乐部，洗浴中心，健身中心，酒吧，茶馆，茶餐厅，会所，DIY物品制作店……

(1)主动休闲娱乐空间。歌舞厅、迪厅、卡拉 OK、游乐场、电玩厅、保龄球馆等。

此类空间要求参与者尽量展示自我,放松自我。在声、光、电等空间环境的作用下发挥娱乐参与者自我的自主性、能动性,起到娱乐、休闲、放松的最终目的。参与此类娱乐的活动量较之后者稍大。

(2)被动休闲娱乐空间。电影院、戏剧歌剧院、礼堂等观演空间,以及按摩保健、美容、美发等。

如观演文化娱乐空间主要是以消费者观看文化演出等,以观看为主的文化娱乐场所。这种娱乐空间一般来说面积较大,可容纳人员较多。缺点是身处此类空间的人员娱乐的自主性较弱,多为被动地接受娱乐,从而带动自我情绪。

(3)互动休闲娱乐空间。俱乐部、夜总会、娱乐城、各类休闲会所、洗浴中心及健身中心等。

此类休闲娱乐空间常常是某项运动或者爱好者交流互动的场所。很多俱乐部实行会员制度,通过获得会员资格使更多有相同爱好和兴趣的人们在这样一个轻松的环境中参与到自己喜爱的活动中来,并起到交朋识友的作用。

此类空间中,有些还更有针对性地针对不同层次的人员设置了不同的级别,分别进行重点不同的、更人性化的、更有针对性的服务。那么也更说明了此休闲娱乐空间的经营活动要突出服务方面的主动性,使和顾客的交流能够更加深入。突出体现了经营者的服务性和消费者的主动参与性。

7.2 休闲娱乐空间的功能布局与设计规范

7.2.1 洗浴中心的功能布局与设计规范

近几年,在各大城市中如雨后春笋般涌现出大批综合型洗浴中心,这些洗浴中心有别于以往传统的浴池空间。通常具有桑拿、洗浴、按摩、美体、健身、餐饮、休闲等功能。现代化经营的浴场,已经延伸为一个综合性的健康休闲的娱乐场所。

7.2.1.1 洗浴中心的主要空间组成

洗浴中心的功能空间主要由接待空间、洗浴空间、休闲空间、按摩保健空间、包房空间、辅助空间组成,并且许多功能空间相互交叉、关联。合理地组织交通流线成为洗浴中心设计的关键。随着社会的发展,人们消费观念的逐步转变,洗浴中心空间的重点也由过去的淋浴、桑拿等洗浴空间转变为供客人休息、交流的休闲空间。休闲空间是人们在桑拿洗浴中等候休息的空间,是交通流线的组织中枢。洗浴中心的流线应以休闲空间为中心,同时连接更衣、洗浴、按摩保健等区域,并且要充分考虑工作人员流线,避免流线交叉、走回头路等现象。洗浴空间功能分析如图 7-1 所示。

1)接待空间

接待大厅主要是欢迎客人并且接待、安排客人洗浴的一个过渡空间。所有客人必须通过这里出入,以便于管理。同时,设有男宾、女宾部的洗浴中心也由接待厅引导客人分别进入男、女更衣间,因此接待空间必须处理好人流动线的组织。

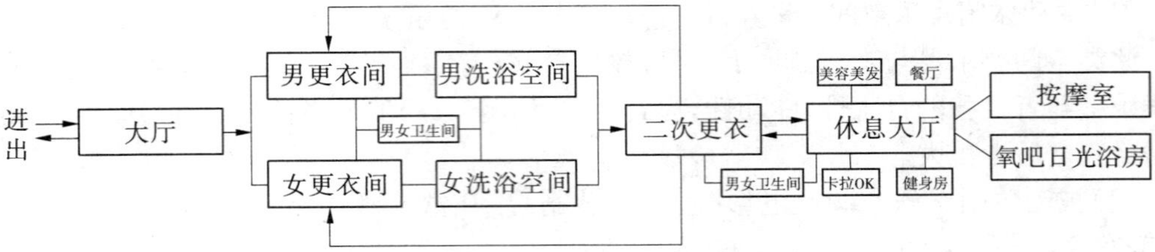

图 7-1　洗浴空间功能分析

2)洗浴空间

洗浴空间也称湿区,是洗浴中心的主体空间部分。通常设有桑拿房(桑拿浴也称芬兰浴)、蒸汽房(蒸汽浴)、水力按摩浴池(一般设热水池、温水池、冷水池三种)、普通淋浴间、搓背区、卫生间等,如图 7-2、图 7-3 所示。

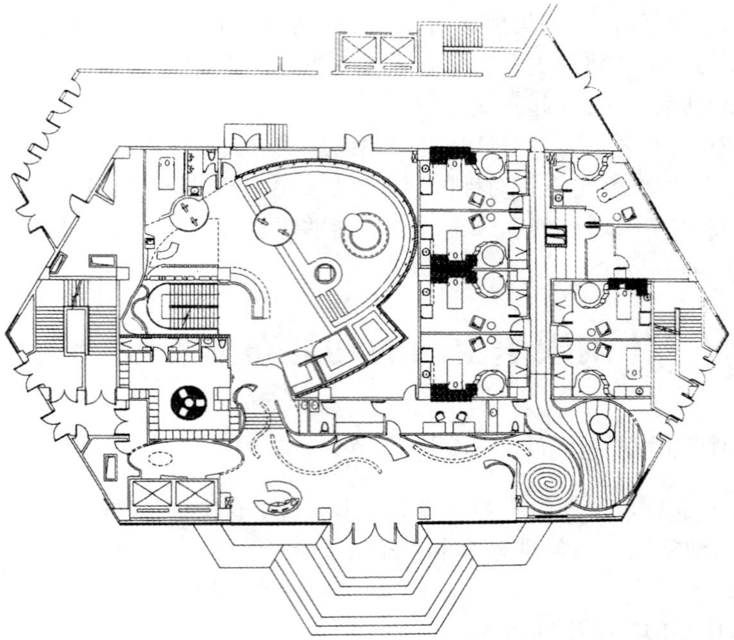

图 7-2　某洗浴空间平面布局图

不同规模的洗浴中心所选择的设备种类和规格也有所不同。如某些大型洗浴中心还给客人提供水吧、药浴等服务项目。

3)休闲空间

休闲空间主要是给洗浴后的客人提供休息、娱乐、等候、健身、餐饮等功能的空间,也成为客人之间相互交流甚至洽谈业务的休闲场所。这里通常设有休息沙发、酒吧、网吧、日光浴、餐饮、卡拉 OK 包房等。

休闲空间的面积大小应考虑洗浴空间能够提供服务的人数,并且根据按摩床位的多少来统筹考虑。休闲空间通常是为男、女宾客共同使用,还应考虑卫生间和疏散通道的设置。

图 7-3 某洗浴中心水力按摩浴池

4)按摩保健空间

按摩保健空间主要给客人提供按摩、足浴、美体等服务。按摩床位的设置成为空间布局的重点。床位之间要留够距离,以防止互相影响。

5)包房空间

包房空间是给客人提供相对私密的服务空间,设有独立的洗浴设备和休息空间以及按摩房。

6)辅助空间

一个大型洗浴中心要正常地运作,除了以上几个功能空间外,一些辅助空间也是必不可少的。如员工休息室、更衣室以及厨房、洗衣房、消毒间、贮藏室等,另外还有设备管理空间,主要指机房,一般内设泵房、水箱、空调机组等。机房位置应较隐蔽,且方便控制。

辅助空间虽不是主要的功能空间,但却为整个洗浴中心的正常运作,环境的安全、舒适提供了必要的技术保障。

7.2.1.2 洗浴中心的主要技术指标和设计规范

(1)桑拿浴房是采用经高温处理的特级松材板或香柏木板精制而成,利用隔断棉保湿。房体尺寸一般在2.1~2.7 m,除了可以选择成品的规格外,也可以根据容纳客人的多少进行不同形状、不同规格的设计。桑拿浴房里一般设有桑拿炉、桑拿灯、木桶、勺子、计时器及温湿度计等。有些还设有电视、电脑、立体音响等设施。桑拿浴房的预制规格见表7-3。

表 7-3 桑拿浴房的预制规格

桑拿浴房型号	尺寸(长×宽×高)(cm)	长凳数	加热器输出功率(kW)
160U	202×155×200	L形2个	
200U	202×202×200	U形3个	6
250U	202×250×200	U形3个	8
300U	250×300×200	U形二层5个	10
160T	202×155×200	2阶	6
200T	202×202×200	3阶	6
250T	202×250×200	3阶	8

(2)蒸汽浴房表面通常采用亚克力，内衬玻璃钢材，工艺要求高，易清洁，安全系数较好。蒸汽浴房的蒸汽由蒸汽发生器产生，温度可根据人的适应能力自由控制。一个蒸汽浴房内一般可容纳 6 ~ 10 人。蒸汽浴房一般与干蒸桑拿浴房并列相邻布置，蒸气浴房空间尺寸如图 7-4 所示。

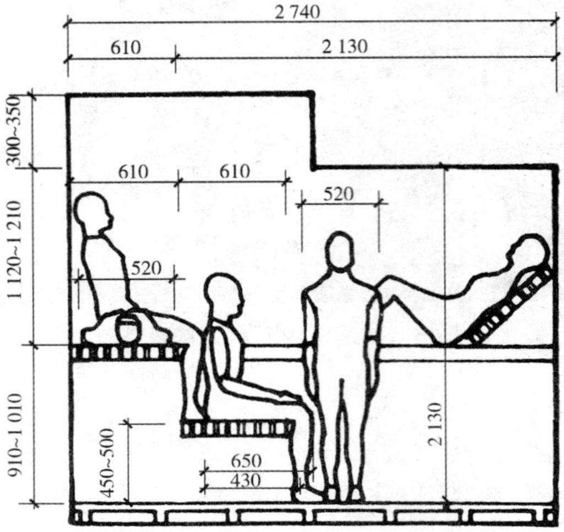

图 7-4　蒸汽浴房空间尺寸　（单位：mm）

(3)水力按摩浴池可分为冷水池（10 ~ 12 ℃）、温水池（35 ~ 40 ℃）和热水池（40 ~ 42 ℃），俗称“三温暖”。客人可根据自己喜好选择不同的水温。一般来说，温水池温度适中，选择的客人最多，在设计上面积也最大，通常 2 500 mm × 4 000 mm，可供 10 ~ 15 人使用。冷水池和热水池不是人人都能适应，并且客人停留的时间不会太长，通常 2 500 mm × 2 500 mm，可供 6 ~ 8 人使用。水池的形状还可根据具体情况做成其他形状，但无论哪种形状，水池的深度一般都应保持在 900 mm 左右，水池的座位高度为 450 mm。

水力按摩浴池还设有池底灯、高压按摩喷头、主排水口、回水器，以及水池上边缘的溢水槽和满水器。洗浴中心主要设施及指标见表 7-4。

表 7-4　洗浴中心主要设施及指标

设施	设计参考指标
桑拿浴房	最高温度 80 ℃，最大湿度 12%，最小面积 0.72 m^2/人
蒸汽浴房	最高温度 49 ℃，最小面积 0.76 m^2/人
热水按摩浴池	水温 40 ~ 42 ℃，座位尺寸（深 × 宽 × 高）400 mm × 600 mm × 450 mm
温水按摩浴池	水温 35 ~ 40 ℃，座位尺寸（深 × 宽 × 高）400 mm × 600 mm × 450 mm
冷水按摩浴池	水温 10 ~ 12 ℃，座位尺寸（深 × 宽 × 高）400 mm × 600 mm × 450 mm
太阳浴	6 m^2/人
按摩室	每间 2.8 m × 2.2 m

更衣区应靠近接待区，并保持一定的私密性，根据客人的流量设置相应的存衣柜。柜体一般分上、下两层。空间上除保证更衣使用、人员通行外，还应设有更衣所需的更衣椅。更衣室多为一个大空间，也有将更衣室隔成若干私密的小空间，洗浴中心更衣间人体活动尺寸如图 7-5 所示。

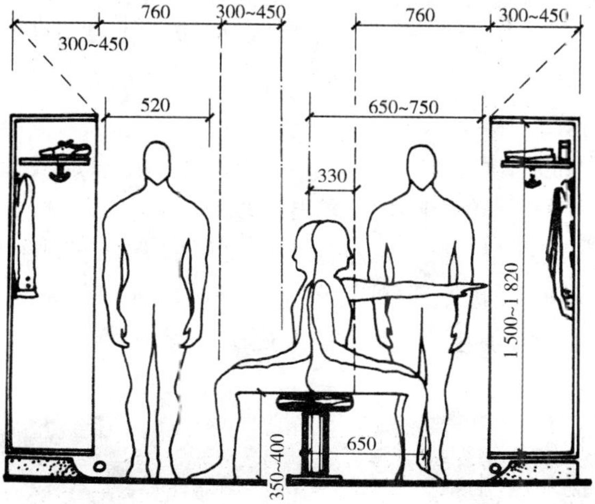

图 7-5　洗浴中心更衣间人体活动尺寸　(单位:mm)

另外，由于洗浴空间的功能决定，其排水排污系统设计应该格外重视，必须做到畅通无阻、干净整洁。可采用地漏排水或者地沟排水形式。地沟上可设不锈钢穿孔盖板，以达到干净、整齐的外观效果。为防止因地面湿滑而使客人感到不适或发生意外，湿区可铺设防滑胶垫，这样既能保持地面干燥又有利于地面排水。

7.2.2　卡拉 OK 空间的功能布局与设计规范

随着人们生活水平的提高，随之而来的是娱乐意识的增强。休闲娱乐方式中，消费层次适中，可以自娱自乐或大家同乐的当数卡拉 OK。它在众多娱乐活动中属于出现较早、普及较广的一种。卡拉 OK 空间是经营者提供场地和专业音响设备，供消费者演唱歌曲，放松休闲的专门场所。称谓也林林总总，比较常见的有歌厅、恋歌房、卡拉 OK 厅、KTV 等。在现代都市，闲暇时三两好友、同事去 K 歌已经成为目前青年中流行的时尚活动。

现如今，许多家庭都购置了家庭影院，但是为什么人们还选择频频光顾卡拉 OK 空间消费呢？主要原因有三：一是在外娱乐不打扰邻里休息；二是专业的卡拉 OK 空间音响、灯光、歌曲曲目更丰富，使得演绎更顺畅、更容易进入状态，达到娱乐的目的；三是提供了宽敞方便的空间可供朋友聚会、交流。因此，依据以上目的来确立卡拉 OK 空间的功能布局和基本设计规范就显得十分重要。卡拉 OK 空间的经营者和设计师要在空间规模、区域划分、灯光、音响等各方面都统筹考虑，才可以赢得消费者，在激烈的竞争中立于不败之地。

7.2.2.1 卡拉 OK 空间的功能布局

卡拉 OK 空间的功能布局具体来讲可以分为如下 5 个空间：

(1)个人演唱空间。根据参与人数的不同和消费者消费方式的不同划分出了大小不同的包间。例如：迷你包、小包、中小包、中包、大包、party 套房、VIP 包等。

(2)公共演唱空间。有些大型的卡拉 OK 空间设有演唱大厅。厅里设置有吧台、演唱区、茶座等区域，满足了消费者之间交流的需要，同时也可供举行集体活动之用。

(3)公共空间。满足工作人员、消费者公共使用需要的空间。包括门庭、走廊、等候休息区(水吧)、卫生间等。

在卡拉 OK 空间中，设计师要特别注意走廊的设计。尽量避免直线式的布局，在设计中可以采用富于变化的方法。例如，可以突出局部变化，增加转折和凹凸，还可以通过灯光、材质的变化带来新意。这些处理方法不仅可以给人以梦幻般的特殊感受，还能够引发消费者的新鲜感，带来回味。此外，要注意各个包房的出入口尽量避免直接对着走廊。这不仅仅牵扯到包房的隔音问题，还给了客人更大的隐私空间，使设计更加人性化，如图 7-6所示。

图 7-6 某卡拉 OK 包房走廊

(4)服务区。经营者为消费者提供服务的特殊区域。例如：收银区、酒水区(内部酒水超市)、餐饮区等。

(5)配套区。常常不出现在消费者视线范围内，处于隐蔽区域，但是在空间中却起到了非常重要的调控作用,是为更好地提供服务形成的配套空间。例如,配电间、控制间、设备修理间、工作人员更衣休息间等。

7.2.2.2 卡拉 OK 空间的设计规范

1)卡拉 OK 空间照明系统设计

卡拉 OK 空间照明系统基本上属于"气氛照明"的范畴,其设计的重点是照明的装饰性和艺术性。室内灯光以适当较暗为佳,满足消费者追求私密性、舒适性的需要。同时,为了更符合人性化设计需要,灯光也可设计为可调节开关,以提供多种灯光照明方式的选择。

2)卡拉 OK 空间隔音处理

为了追求演唱效果和达到隔音的目的,墙面顶棚需要用吸音材料做隔音处理,例如软包或者加装吸音板。门窗尽量采用封闭性能较好的材料,例如铝合金门窗或者双层门窗等。

3)卡拉 OK 空间通风换气设计

因为卡拉 OK 空间要保证空间的密闭性和隔音性,因此室内的通风换气常常不过关。应当加装通风排气装置,并做到常开常换,保证空气循环的畅通,保障消费者的健康。

4)卡拉 OK 空间声学设计

声学设计的目的是使有听音要求的建筑物内具有良好的声学条件,保证空间没有明显的音质缺陷和噪声干扰,同时具有合适的响度,声能分布均匀,声音有一定的清晰度和丰满度。卡拉 OK 空间以播放音乐和语言(演唱)为主,强调声音的清晰度和丰满度。因此,可根据如下指标做相应的设计:

(1)背景噪声、混响时间设计。根据卡拉 OK 空间的功能和用途,其背景噪声允许值可以定在 40 dB 以下,其平均混响时间可以在 0.5 ~0.65 s。

为了达到背景噪声的要求,需对门窗做吸声处理。门可以进行隔声包装,内置吸声材料;窗除密闭处理外可挂装不同质地的窗帘,不仅隔音,还能改变厅内的混响时间,吸收反射声能,又具有装饰效果。尽量采用吸音性能较好的家具陈设种类,例如布艺家具或者皮革家具等。地面可以根据情况加铺地毯。

(2)扬声器系统设计。扬声器系统可装在墙面,也可装在顶棚内。通常使用强指向性扬声器系统增加直达声场强度和均匀程度,提高听众区的清晰度。具体布置方式要根据卡拉 OK 空间具体形状和大小而定。同时,要根据声压级、声场不均匀度要求选择扬声系统的电功率和个数。

7.2.3 酒吧的功能布局与设计规范

酒吧应该是舶来品。中国的酒吧是 20 世纪 90 年代后产生的。经过多年的演变,"吧"这个词语现在的含义较之原来在英文中的本意(由木头、金属或者其他材料制作成的台子,长度超过厚度)要丰富了许多。这种台子是酒吧中的特色之一。在比种柜台里面,服务人员向顾客出售各种酒水饮料。现在的"吧"指的就是空间中有此类柜台的屋子。因此,其衍生的形式也是多种多样。

酒吧的兴起与红火和整个中国的经济、社会、文化的变化密不可分,步伐始终紧跟时代,同时离不开来自异域的时尚潮流之风的吹拂,与感性、自由、奔放的当代生活方式息息相关。尤其流行于都市,特别是大都市,乡村几乎没有其滋生的土壤。其中,各大城市的酒吧也有其不同的特点:北京的酒吧种类众多,上海的酒吧讲究情调,深圳的酒吧最激情。几乎所有酒吧都有乐队定时不定时的表演,并常常会举办一些娱乐活动来笼络人气。因此,酒吧逐渐成为了中青年人的天下,亚文化的发生地。

7.2.3.1 酒吧的功能布局

传统酒吧的功能比较简单,仅仅是喝酒、聊天、聚会,在设计中更多注重的是风格和特色。空间因地制宜,可大可小,材料多就地取材,具有较浓厚的地方特色。其面积一般不会太大,室内布置相对朴实亲切。空间布局一般分为吧台和坐席两大部分,也有的适当设置了站席。此外还配备有酒库,如图 7-7 所示。

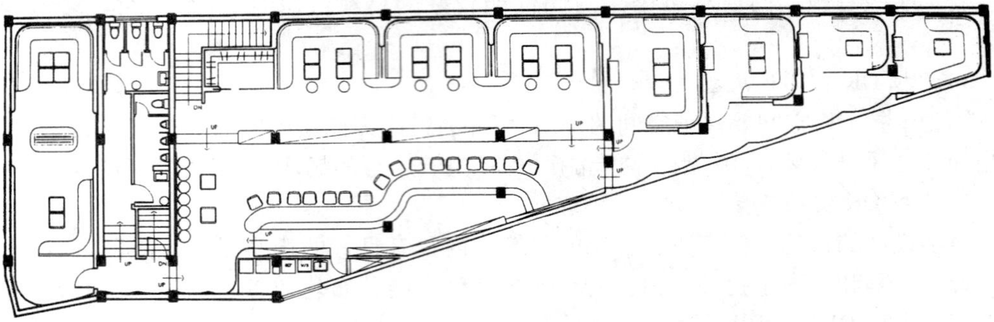

图 7-7 某酒吧平面图

现代酒吧不仅包含了上述空间功能和布局方式,还在原有的功能中加入了更加多样的新元素。很多现代酒吧拥有完善的主题空间,摆脱了单纯餐饮要求,更追求精神上的享受。其占地面积相对更大,功能更多,与之配套的功能分区也更完备。例如:演艺吧增加了表演台区域;慢摇吧则更注重消费者的参与性,对舞池的设计常常不惜重金等。在对这种综合性大型酒吧空间的设计中,要根据具体情况具体设计,空间分隔要尤为注意,适当地把大空间分隔成多个小空间,可以使客人感到亲切和舒适。

常见空间分区:

(1)入口空间(引导空间、形象墙等);

(2)人流区(直通舞台的主通道、通向其他分区的次通道);

(3)表演区(乐队区、演员休息室、化妆间、舞台背景、幕布造型、出台口、歌舞表演、DJ打碟区),表演区的位置应该在最大辐射顾客坐席的位置,面积根据具体情况设置;

(4)舞池区(主要供消费者使用);

(5)顾客坐席区(散座区、卡座区、豪华卡座区、吧座区等);

(6)包间区(半封闭的观演包间、全封闭的独立包间、卡拉 OK 包间等);

(7)控制台(总体控制音响、灯光等控制设备的操作区);

(8)服务台(制作间、吧台、收银台等);

(9)卫生间等。

7.2.3.2 **酒吧的设计规范**

酒吧空间是一个具有很强包容性的空间。各种不同风格的设计手法都可以灵活自如地运用其中，创意得到充分的独特展现。因此，设计的角度很大，发挥的空间也很大。但是在一些方面还是有章可循的。以下简单地介绍一些相关内容。

1）*布局设计方式*

酒吧空间布局多采用辐射式、交叉式、排列式等方式，尽量做到轻松、自然、方便。例如：在较大的酒吧空间里，可以充分利用天花板的升降、地平高差，运用围栏、列柱、隔断等来分隔空间和控制空间的韵律。地平高差区域也可以把天花和地面相互对应处理；还可以结合植被、织物等隔断，构成综合性的功能分区，丰富空间的视觉效果。

在实空间和虚空间的分割上，消费者可以选择私密性较强的实体围合空间消费，例如包房；也可以选择公共性交流性更强的开放型空间，例如大厅；还可以选择中庸的半围合半通透的隔断空间，此类隔断例如落地纱幔、花窗隔屏、玻璃矮墙、列柱隔断等。运用不同材质和高差变化进行空间布局（见图 7-8），利用家具围合进行空间布局如图 7-9 所示。

图 7-8　运用不同材质和高差变化进行空间布局

图 7-9　利用家具围合进行空间布局

不同的文化背景、设计理念、审美情趣、材料工艺等因素，促使当今的酒吧设计中多元化和包容化特点的形成，这也是时代特征的体现。因此，酒吧的室内设计要从不同方向吸收更为丰富的设计内容，把各种各样有益的东西消化吸收，成为自己的设计思维，从而使设计产生更大的弹性空间。

2）*基本空间尺度*

要根据酒吧的面积决定席位数目。一般每个坐席 1.1 ~ 1.7 m^2，服务通道为 750 mm，如图 7-10 ~ 图 7-13 所示。

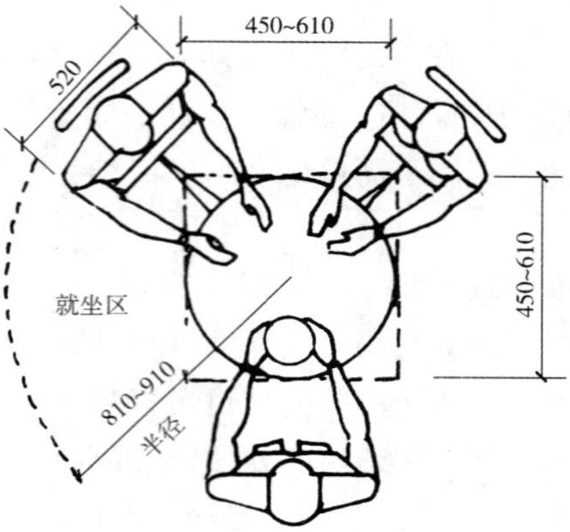

图 7-10　酒吧座位空间尺度　(单位:mm)

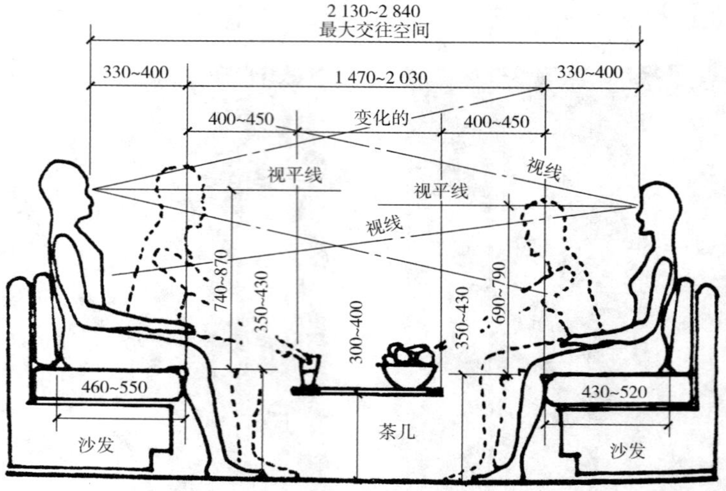

图 7-11　沙发坐席空间尺度　(单位:mm)

如今,都市里的"吧"早已超出原酒吧的范畴,更加多姿多彩。正在悄然兴起的各式各样的"吧"已成为当今都市时尚消费的又一个新标志。例如:箭吧、心吧、书吧、彩妆吧、织布吧、写作吧、歌剧吧、绘画吧、球迷吧、发泄吧等。我们在做此类酒吧空间设计的时候应该具体问题具体分析。

例如箭吧。箭吧内设有古色古香的射箭大厅,还有配套的酒吧、休闲室等。环境、装饰、安全设施及服务水准都是按五星级标准设计建造的,属于中高档的消费场所。在此空间除了运动健身外,也适宜会友、交谈、商务交际和举办白领人士的休闲娱乐活动。

例如心吧。最近在南京出现了一种新的酒吧形式。消费群体主要是都市白领一族。吧内的环境装饰及布置显得轻松休闲、时尚。白领人士来此的主要目的是释放平时紧张工作带来的心理压力,同时给自己疲惫的心灵充电。吧里定期邀请心理学方面的专家陪你聊天,引导和调适你的情绪与心情,形式十分独特。

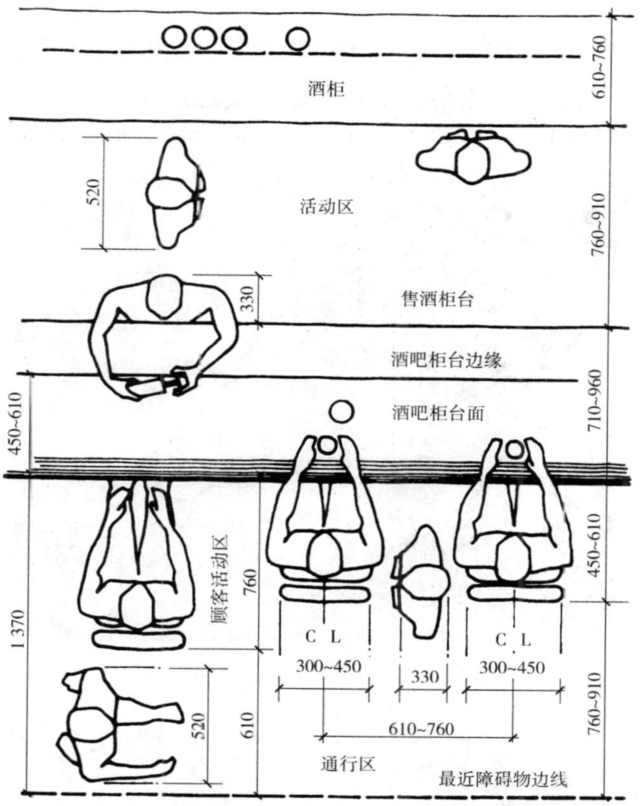

图 7-12　**酒吧台空间平面**　（单位:mm）

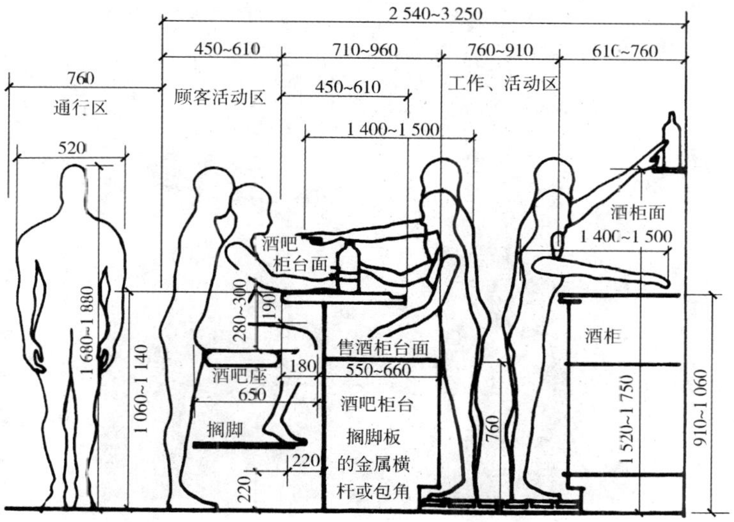

图 7-13　**酒吧台空间剖面**　（单位:mm）

再例如有些城市出现的球迷吧。平日里球迷们对球的痴迷令人感动和折服。在“球迷吧”里他们更可以放松地看球、侃球、干杯、聊天，不用顾忌外人的想法，无拘无束。给他们充分的自由空间交流倾诉，放松自我。

特殊的酒吧形式采用了专有的主题形式，那么设计师在做设计的时候对它的风格形式和功能布局等方面也要具体分析、单独考虑，如图 7-14、图 7-15 所示。

图 7-14　以吧台为主的酒吧设计

图 7-15　具有主题性的酒吧设计

7.3 休闲娱乐空间室内设计要点

7.3.1 合理的流线组织

现在的休闲娱乐空间趋向于综合性、多元化发展，空间功能越来越复杂，并且相互交叉、渗透。合理的流线组织成为休闲娱乐空间室内设计首先要解决的问题。

休闲娱乐空间的流线组织应该根据其空间功能关系合理安排，避免不同区域相互干扰，走回头路等现象。空间形态应符合娱乐空间特点，丰富多变、虚实相间，避免单调的大空间或者单一轴线式的空间组织形式。

如洗浴空间中，要注意“干”区与“湿”区、“公共”与“私密”的功能分区和流线组织。客人在经过洗浴环节之后，一般要经过二次更衣到达休息大厅，此空间通常设置有干身器。当客人离开休息大厅时，最佳的流线组织是客人经过二次更衣后直接进入更衣间，而不需要再经过洗浴空间回到更衣间。所以，更衣间与淋浴空间应该由不同的出口连接二次更衣空间。

在空间设计中还可以巧妙运用色彩、灯光的区分，材料的暗示或者明确指示标志的引导等方式来引导消费者，组织合理的交通流线，如图 7-16 所示。

图 7-16 用灯光来引导空间流线

7.3.2 材料的合理应用

休闲娱乐空间种类繁多、功能复杂，材料应根据空间的功能需求合理选择。如洗浴空间由于长期处于潮湿环境，地面、墙面的材质多采用瓷砖及花岗岩、大理石等石材，也可选择玻璃、不锈钢板、马赛克等耐潮湿、耐腐蚀等材料，还应注意地面材质的防滑问题。歌舞厅、酒吧等娱乐场所为了营造氛围，灯光一般较暗，所以精致的材料并不能很好地达到应有的效果，而一些质感较强或块面较大的材料则更适合，如图 7-17、图 7-18 所示。另外 KTV 包间的材料需考虑隔音、减噪等功能。

休闲娱乐空间往往是时尚、流行文化的载体，其消费群体也多是追求时尚、思想意识超前的年轻人。所以，休闲娱乐空间通常在 3 ~ 5 年内就会因为时尚潮流的变更而更新。因此，材料的选择应少用贵重材料，尽量充分利用普通材料加上设计师创意达到意想不到的艺术效果。如选用一些非常规的材料：清水混凝土、鹅卵石、染色的枯枝、铁丝网、废旧报纸、照片、彩沙贝壳之类，用在局部空间处理上，达到让人耳目一新的效果。

图 7-17　粗糙质感的墙面

图 7-18　马赛克墙面装饰

另外，随着时代发展，装饰材料日新月异，新材料被不断应用在休闲娱乐空间中，这些新材料的应用使休闲娱乐空间具有很强的时代感和先进性。如各式幻彩涂料（快涂美、仿石漆等）、工艺玻璃（冰纹玻璃、镭射玻璃、压花玻璃等）、各式金属材质（铝板、压花钢板、不锈钢等）、软性织物天花材质等。设计师要多关注层出不穷的新材料、新工艺，这样在设计的时候才可以做到游刃有余，不落俗套，如图 7-19、图 7-20 所示。

图 7-19　突出材质的空间设计

图 7-20　光洁现代的材质突出时代感

7.3.3　声、光、电等技术的结合

休闲娱乐空间应给人提供的是视觉、听觉、触觉甚至嗅觉、心理等各方面的综合空间体验。所以，休闲娱乐空间的设计应该是调动声、光、电等各项技术的综合设计。休闲娱

乐空间的种类不同，对灯光、音响等的要求也不同，应该根据其空间性质，在满足其空间功能的基础上给消费者营造一个合适的氛围，带动其心理感受。

如酒吧、歌舞厅等娱乐空间照明主要以营造气氛为主，强调照明的装饰性和艺术性。因此，通过使用种类不同的效果灯具，精心安排不同空间配置不同的灯光色彩、造型、布局、编组、编色，并配套设置声控、程控、电脑控制等多种控制设备，以获得强烈的视觉效果和艺术氛围。歌舞厅照度标准见表7-5。

表7-5　歌舞厅照度标准

序号	房间名称	照度(lx)
1	楼梯走廊	50
2	前厅、休息厅	100~200
3	冷饮、存衣	100~200
4	厕所、卫生间	150
5	接待室	200~300
6	行政管理房间	300
7	化妆台(局部照明)	500
8	歌舞厅堂	200
9	灯控室	150~300
10	扩声室	150~300
11	消防控制室	150~300
12	水、暖、电、通讯机房	100~200
13	卡拉OK厅(包房)	100~200
14	舞场(舞池)	15~20
15	表演区	200以上
16	专业歌厅、舞台中心	600以上
17	RTV、PTV舞台	600以上

效果照明灯具分为静止型和动态型两大类。在歌舞厅等娱乐场所，这些特色灯具的应用就成为空间气氛营造的重要手段，如图7-21所示。

静止型灯具没有机械转动部分，可以通过灯光控制器控制常用的种类有小射灯、小雨灯、星星灯等。静态灯可以大面积布置。

动态灯靠马达带动灯体转动。灯具转动，光线随之转动，例如有雪球灯、宇宙灯、转灯等。除此之外还有特殊效果照明灯具，例如图案灯、电脑灯、频闪灯和追光灯等。歌舞厅部分常用灯具如图7-22所示。

由于舞厅对照明的特殊要求，舞厅内大部分是动态光，灯光可以不停地变换色彩或者图案、摆动角度等。为了保证舞厅内具有所需的照度，还需要设置一定数量的固定光。这部分灯光来自安装于舞厅边角隐藏处的灯具，并且使用的彩色灯光不是纯白色，例如紫光管、小射灯等。舞厅内频闪灯光的时间不适宜过长，否则容易使人感到疲惫。

在卡拉OK、演绎酒吧、歌舞厅、影剧院等娱乐空间，音响的设计起着举足轻重的作用，音响效果的好坏甚至会影响到空间的经营。设计师应根据音响技术人员的要求在合理的位置采取吸音、扩音或者反射等措施，以达到最佳的音响效果。如在墙面上设计出凹凸不平的造型或者进行折面处理，在天花上设计各种扩散体，根据音乐调整反射角度等。

在一些演绎酒吧、慢摇吧、歌舞厅等空间，往往为了配合激情的演出节目，调动人们情绪，使空间气氛达到一个高潮，还常常使用有色烟雾等各种声、光、电技术来达到迷幻的效果，如图7-23、图7-24所示。

图7-21　某酒吧照明设计

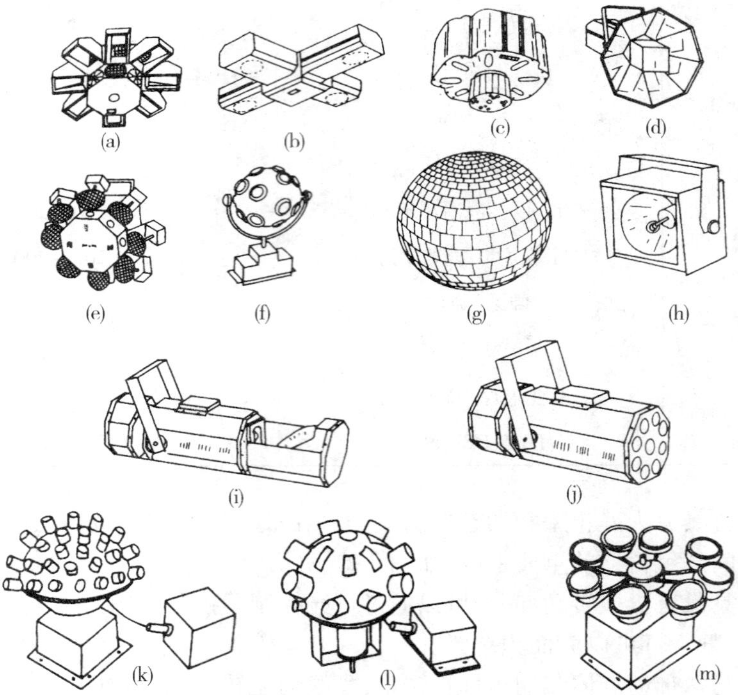

图7-22　歌舞厅常用灯具

(a)八爪鱼电脑灯(575 W,27 kg)；(b)十字电脑灯(575 W,27 kg)；(c)中央智慧电脑灯(400～1 200 W,45 kg)；(d)天女散花灯(400～575 W,15 kg)；(e)葵花灯(400 W,15 kg)；(f)宇宙灯(18×30 W)；(g)玻璃反射球；(h)频闪灯；(i)群光万向明灯(400 W,13 kg)；(j)幻光多光束灯(2×400 W,13 kg)；(k)异向转灯；(l)幻彩灯；(m)半球转灯

图 7-23　光的多种表现形式

图 7-24　光影的空间交织

7.3.4　突出人性化设计

这是一个关注人性的时代，消费者来休闲娱乐场所消费的终极目的也是得到在家得不到的体验。因此，娱乐场所的种种人性化设计往往在许多细节方面就能够体现一个空间的品位和档次，并被消费者深刻记忆。

例如，在一些会所或洗浴环境中的更衣间，通常设有存放衣物的衣柜。衣柜的大小要充分考虑客人的需要，做到人性化设计。如冬季客人衣物多，特别是在北方寒冷地区，衣柜必须要有足够的空间才能满足客人需求。

洗浴空间中，很多客人有在洗浴空间休息的习惯，为了保护客人的隐私、避免尴尬，客人在水力按摩池中切忌视线正对淋浴间，如果无法躲避则必须设置淋浴挡门。

卡拉 OK 空间在远离电子点歌位置，接近观看休息沙发的墙壁上可设置便捷控制面板，方便观看者帮助演唱者调节基本的参数设置。

7.3.5　防火、防盗等安全设计

休闲娱乐空间属公共环境空间，往往人员混杂、人流密集，特别是在一些特定时间段内会形成高密度人群。再加上娱乐空间通常较封闭，电器负荷大，并且存在大量可燃或易燃的建筑装饰材料及其他安全隐患，所以休闲娱乐场所成为火灾、拥挤、刑事案件、卫生及发生突发事件的高危场所。如河南省洛阳东都商厦“12 · 25”特大火灾烧死、烟熏致死309 人，大量这类群死群伤的恶性事故让人触目惊心。

为减少和避免事故的发生，增强安全设计成为休闲娱乐空间设计的关键。作为设计人员应该加强自身消防、安全意识；认真学习《建筑设计防火规范》（GB 50016—2006）、《火灾自动报警系统设计规范》（GB 50116—98）、《自动喷水灭火系统设计规范》（GB

50084—2001)、《建筑内部装修设计防火规范》(GB 50222—95)等相关法律法规;了解新型防火材料、先进消防技术及消防设施器材的应用等。在装修中还应特别注意以下几个方面。

7.3.5.1 **布局**

不得破坏原有消防系统。装修不得影响、妨碍消防设备的使用。装修设计时,要充分掌握建筑原有的消防设施情况及功能,确保原有消防系统的正常运行,保证其设施在火灾时发挥应有的效力。

装修过程中安装的轻质墙、隔间等要按照消防措施和国家规范处理与安排。要留有足够的安全出口,安全门应该为外开防火专用门。在一些较大的、人员集中的房间最好增加出口数目或者出口宽度。如果仅有一个门,门的宽度要保证大于 1.4 m。此外,门范围内不得设置门槛和台阶,不得使用卷帘门、转门、吊门和侧拉门,门口不得设置门帘。超过 60 m^2 的房间或者超过 14 m 的通道必须开两个以上的门。另外,应该按规定设置符合标准的指示标志、火灾事故应急照明灯和灭火材料。

7.3.5.2 **材料**

天花、间墙不可以大面积使用易燃材料,小面积使用木质等易燃材料时也要按照规定涂刷防火涂料。常用的安全材料有金属龙骨(轻钢龙骨)、金属板、石膏板或者防潮钙化板、矿岩板等。另外还要注意,有时候为了强调效果,装饰墙很多需要用海绵、人造革、织物等易燃材料装饰的,一定要在其表面喷涂专用的防火涂料。装修材料燃烧性能参看表 7-6。疏散门应该采用乙级防火门。

表 7-6 装修材料燃烧性能

<table>
<tr><th rowspan="3">建筑物
及场所</th><th rowspan="3">建筑规模</th><th colspan="8">装修材料燃烧性能等级(A 不燃性,B1 难燃性,B2 可燃性)</th></tr>
<tr><th rowspan="2">顶棚</th><th rowspan="2">墙面</th><th rowspan="2">地面</th><th rowspan="2">隔断</th><th rowspan="2">固定
家具</th><th colspan="2">装饰织物</th><th rowspan="2">其他装
饰材料</th></tr>
<tr><th>窗帘</th><th>帷幔</th></tr>
<tr><td rowspan="2">歌舞厅等
娱乐建筑</td><td>营业面积 > 100 m²</td><td>A</td><td>B1</td><td>B1</td><td>B1</td><td>B2</td><td>B1</td><td></td><td>B2</td></tr>
<tr><td>营业面积 < 100 m²</td><td>B1</td><td>B1</td><td>B1</td><td>B2</td><td>B2</td><td>B2</td><td></td><td>B2</td></tr>
</table>

7.3.5.3 **布线**

公共娱乐场所音响设备、照明灯具较多,用电负荷较大,线路较为复杂,一定要搞好电气防火设计。过去,许多公共娱乐场所火灾也都是电气所致。因此,必须按照电气安全规定设计,所有电气线路均应穿管保护,接线盒、开关盒不应安装在可燃材料上,槽灯、吸顶灯及发热器件均应用非燃材料做隔热处理,避免灯具直接与可燃物接触。不得使电气线路杂乱,更不可超负荷运行。照明灯具距可燃物不可以过近,并且一定要由专业技术人员安装、施工、验收。

7.3.5.4 **引导标志**

公共娱乐场所还应设计安全疏散指示标志,并设事故照明系统。疏散门不得采用卷帘门、吊门、转门和侧拉门,门口不得设置任何障碍物。

7.3.5.5 **消防系统设计**

消防系统设计包括防火分区、安全疏散、防烟排烟、消防给水、装修材料、自动灭火系统和火灾自动报警系统等，必须符合国家有关消防技术规范的规定。对于二次装修的建筑物，应考虑如何保证原有消防系统的正常使用问题，必要时，对原有的消防系统应进行完善和补充。对于新建的建筑物，应根据公共娱乐场所的重要性及存在问题，考虑设计自动消防系统。

7.4 休闲娱乐空间室内设计的风格与创意

7.4.1 休闲娱乐空间室内设计的风格

7.4.1.1 中式风格

中式风格给人以端庄、内敛、典雅的审美感受。常采用对称均衡的布局方式，追求稳重的效果。含蓄高雅，常常通过字画、把玩器具和借景的手法来传达设计意图，制造意境。许多中式茶舍采用此种设计风格。

7.4.1.2 东方风格

东方风格源于中国古代和印度、日本等信奉佛教的国家。风格淡雅含蓄，符合现在人们追求朴素和内心平静的内在要求。这种讲究意境的空间设计风格常常被运用在 SPA 空间、洗浴空间、美容美体等休闲娱乐空间的设计中。

7.4.1.3 现代风格

风格涵盖内容十分广泛，多体现新材料、新技术的运用，再搭配前卫、新奇、流行的家具，使人有耳目一新的感受为佳，如图 7-25 所示。

图 7-25 现代风格的网吧设计

7.4.1.4 地中海风格

地中海风格的色调大量使用蓝、白、绿等冷色调。整体风格简洁明快。

7.4.1.5 田园风格

田园风格起源于北欧斯堪迪纳维亚半岛。设计风格朴实、含蓄、简洁。注重自然的田园风味。少雕凿和匠气,较多保留材质的原始色泽、纹理,使人感觉真实、亲切。材料多用天然的木材、植物、藤条等。在科技日新月异的今天,人类在钢筋水泥的人造世界中已经疲惫不堪,失去了平衡。亲近大自然的田园风格突出表现了真实的自然感受,使人们能够放松心情。这种风格在酒吧等休闲娱乐空间的设计中尤为多见。

7.4.1.6 传统欧式风格

传统欧式风格通常采用古典欧洲传统纹样的装饰。陈设品精致、贵重;家具制作考究,有些采用传统的手工家具样式。材质常选用木材,色调沉稳、凝重,突出了端庄优雅的整体室内风格和气质。高档的酒吧、会所、宾馆大堂的西餐吧等休闲娱乐场所常常使用这种风格,能够提升档次,给人豪华、富贵、古典和别样的异域风情。

7.4.2 休闲娱乐空间室内创意设计

休闲娱乐空间室内创意设计是休闲娱乐空间室内设计的总体策划,对休闲娱乐空间的形象设计起到决定性的作用。它一般是由娱乐空间的主题性质和空间的具体功能决定的。设计题材和空间的创意手法非常广泛,可取材于休闲娱乐空间的服务内容、时代背景和地域环境因素等。在休闲娱乐空间室内设计中,其创意设计主要取决于设计主题的定位和在施工过程中材料的应用与施工技术的配合。

7.4.2.1 休闲娱乐空间的主题设计

不同性质的休闲娱乐空间其主题定位不同,即使相同性质的休闲娱乐空间,为了突出自己的特色,营造与众不同的空间氛围,也应当形成自己特有的空间主题,并且围绕主题展开室内空间的设计。在休闲娱乐空间中特别是在酒吧、会馆等空间,没有主题、失去特色,也将意味着失去消费者。

休闲娱乐空间的主题定位主要可以根据消费群体的特点、经营以及服务的内容、人文文化的影响、社会时代的背景,以及地域环境等因素进行确立。比如,足球酒吧、某商务会所,可以根据他们的消费对象的特点、喜好,确定主题,营造相应的空间氛围和文化氛围(见图 7-26)。

7.4.2.2 休闲娱乐空间的现场设计

休闲娱乐空间的现场设计包括现场测量、现场施工指挥、现场解决具体设计施工问题等。

在休闲娱乐空间的设计施工中,现场设计必不可少,有时候甚至还起到关系整个室内设计成败的重要作用。

设计师要根据实地的具体情况来解决随时可能出现的具体问题,或者是直接指导不可预知的最后效果的创作过程。这个过程充满了辛苦但也充满了创造的乐趣,设计师可以结合前期的设计思路和现场的实际条件自主、随机地发挥和创造。往往会突破常规形成新的更合理的设计。因此,从某种程度上来说,现场设计给了设计师更大的自由创意度和更宽广的发挥空间。

图 7-26　不同风格的休闲娱乐空间室内设计

例如，在某些酒吧的现场设计施工中，有些壁面涂鸦或者特殊的肌理效果饰面，很大程度上都是手工的、随意性的，设计师现场设计的好坏能引导最终的成品效果，决定了成品空间是否能够达到最初的设计要求和目的。

再例如，某些设计施工过程中，工人会遇到现场结构和设计图纸不完全相符或者现场材料不适应现场的情况。那么设计师就要根据具体的情况，现场更改设计图纸或者更换施工材料，从而保证现场施工的顺利进行。

第 8 章　酒店室内设计

8.1　酒店的性质种类、等级和室内设计特点

8.1.1　酒店的性质种类和等级

酒店也称宾馆、旅馆、饭店，其用途为接待贵宾、商务、会议、旅游、短暂停留和观光探亲等。酒店的种类一般根据所处的地理位置可分为城市酒店（饭店）和度假村。酒店的本意是给旅行者提供吃、住的场所。在西方，早在古希腊、罗马时代就已经出现了供人们宿食的客栈和供国外使节住宿的迎宾馆。在东方，随着城市的形成，交通贸易的发展，也出现了早期的宾馆、驿站等类建筑。

酒店经过长期的历史演进已经进入现代酒店发展时期，并向多功能方面发展，形成了许多大型跨国经营的酒店集团。随着经济全球化各国交往的频繁，以及旅游业给世界各国带来的巨大经济效益，使酒店进入快速发展时期。人们对酒店建筑的室内设计投入了更多的关注，往往希望通过室内设计在酒店装修中反映不同国家的民族特色、地域风格。结合现代化的酒店设施、周到的服务，给客人留下良好和深刻的印象，以保持源源不断的客源（见图 8-1、图 8-2）。

图 8-1　金茂酒店大堂

为了充分发挥投资效益，适应不同消费层次的旅客对酒店服务的需求，许多旅游业发达的国家参照国际标准，把酒店按等级划分，作为经营定位和管理的重要手段，这有利于酒店设施的标准化和服务规范化。我国根据国际上按酒店的环境、规模、建筑、设备、装修、管理水平、服务项目质量、舒适程度，将酒店分为五个星级，最高级为五星，依次类推。

图 8-2　印尼度假酒店

8.1.2　酒店室内设计的特点和发展趋向

酒店建筑包含物质和精神双重属性，既要满足酒店的各种使用功能，又要包含丰富的文化内涵和艺术感染力。室内设计是建筑设计的深化和发展，是对建筑内部环境的再创造。酒店建筑室内设计要使商业性功能与文化艺术相结合，在旅客享受到方便、舒适服务的同时，又为客人营造出高格调的艺术气氛，这对于提升酒店的档次、表达酒店的风格与品位起到很重要的作用。

在酒店室内设计之前，除了要充分理解原建筑基本条件，解决好酒店各种功能和技术问题，还要对酒店所在地区、城市的自然条件，地域文化作深入的了解，有助于创造出既有时代感，又有地方特色和鲜明个性的酒店室内设计风格。

酒店承担着客人住宿、餐饮、娱乐、健身等功能，室内设计应建立以人为本的观念，以处处给旅客提供方便服务为主旨，创造一个安全、健康、舒适的室内环境，使客人虽身处异乡，但如同在家一般，“宾至如归”是我们在酒店室内设计中应追求的重要内容。国外有些酒店专门有为三口之家或为带婴儿的母亲设计的客房，还考虑到方便老年人或残疾人使用的设施；有些酒店按家庭的起居、卧室形式来布置客房，使客人有回到家般的亲切。

酒店室内设计的新趋向从以下方面得到体现：

(1)当前星级酒店的管理目标更趋向人性化的社会服务，酒店室内设计也由以往仅注重装修豪华而转向深层面的对消费者身心的关注和呵护。新颁布的《旅游饭店星级的划分与评定》(GB/T 14308—2003)中增强了人性化服务的理念，例如对于“整体舒适度”的要求，增加特色性、可选择性的有关条款等。国外许多著名的酒店设计都十分注重对人的消费心理和人性基本需求的研究，注重人在酒店停留期间的感觉和体验，追求“在酒店里，客人应该发现他们在家时梦想的东西”，并为此努力，使酒店的使用功能更合理和完美。通过不同酒店和各具特色的室内设计风格满足客人的精神追求，营造更为温馨的环境氛围，满足人们求新、求异、求变的本性。这种关爱人群的人性化设计将为酒店设计注入持久的活力。

(2)酒店室内设计的另一理念是追求全新的时代气息和时尚风格。随着当今科技的进步，新材料、新技术、新工艺的层出不穷，都为酒店装饰行业追求全新的时代气息提供了新语汇；木材、石材等天然材料依然是人们营造经典设计的主要素材；金属和玻璃等富有时代特点的新材料给人们带来现代感，特别是近年来装饰玻璃在室内设计的应用，其工艺结构、装修技术都会给人带来全新的视觉冲击。

(3)随着生态价值观和技术准则的引入，酒店室内设计将积极提倡人造环境与自然环境的融合与共生。实行绿化设计的原则，使酒店室内空间成为生态环境的继续和延伸。

(4)信息时代的到来改变着人们的生活和工作模式，酒店设计中智能技术的应用提高了室内环境的整体品质，新的酒店具备高效、网络化的工作场所，商务中心将给顾客提供进入他们办公空间的条件。

(5)在国际化审美视野中寻求与地域文化风格的有机结合，是酒店业在竞争激烈的全球市场中树立品牌形象的策略。星级酒店作为一个开放性的服务空间，在面向世界的环境中，酒店设计文化的外来元素与当地传统文化内涵相互渗透并重新整合，形成相对统一的国际审美情趣，酒店室内设计是最能反映和代表这种潮流的领域。在设计中通过感悟，体现地域文化与地域风情，彰显独特风格，将是未来酒店室内设计的一个重要方向。

8.2 酒店大堂室内设计

8.2.1 酒店大堂的构成和功能分析

大堂是酒店公共空间的重点部位，常与入口门厅相连，有的大堂与中庭相结合，共同形成酒店的景观中心。大堂主要由总服务台、大堂经理、行李寄存、休息区、咖啡厅或饮料服务等几部分组成。大型的酒店还设有邮电、银行、商务中心、花店、书店、美容等。大堂的功能是综合性的，主要可分为以下几个区域(见图8-3)：

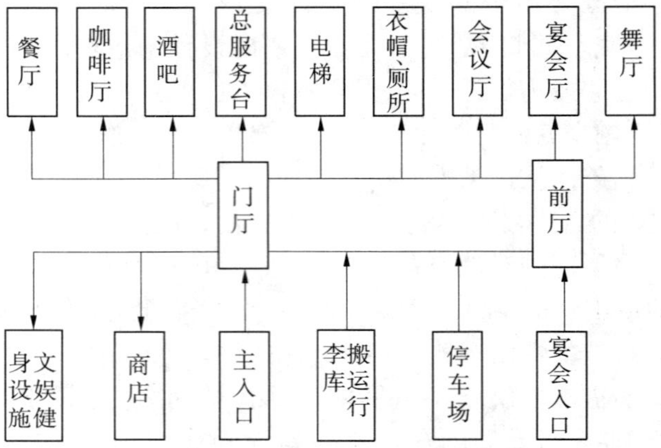

图8-3　门厅的功能关系

(1)入口门厅区。是通向大堂的过渡性空间，主要是迎送客人进入酒店并接送客人的行李。

(2)总服务台。一般设在大堂较醒目的位置，离入口门厅处较近，并与办公室相连，既方便旅客，又便于管理。总服务台的主要业务为：预订客房、登记住宿、钥匙管理、问讯、出纳结账。涉外饭店一般设置显示世界各主要地区时间的钟表。

根据《酒店建筑设计规范》，总服务台的长度一般按每间房间 0.03 ~ 0.04 m 参考设置。

(3)大堂休息区。作为客人登记、结账、接待、等候休息之用，常选择偏离主要人流路线、相对安静、视线开阔、环境良好的位置。

(4)大堂咖啡厅、饮料服务。

大型酒店的咖啡厅往往在大堂划分出较大单独区域，不对总服务台形成干扰，设有钢琴台和小型轻音乐演奏，通过装饰、灯光照明设计营造出较强的艺术气氛，给住宿的客人提供一个晚间娱乐消遣的场所，成为酒店的收益区域。

较小的酒店常常将饮料服务与休息区结合布置。

(5)商务中心。给住店客人提供商务服务、传真、复印、订机票等。

(6)公用电话。位置应明显，可以几部电话连排设计成通长的台面和隔音板，也可以独立设置。在确定形式和材料做法时应与墙面装饰和立面构图结合考虑。

门厅和大堂必须合理组织各种人流路线，缩短主要人流路线，避免人流互相交叉和干扰(见图 8-4)。

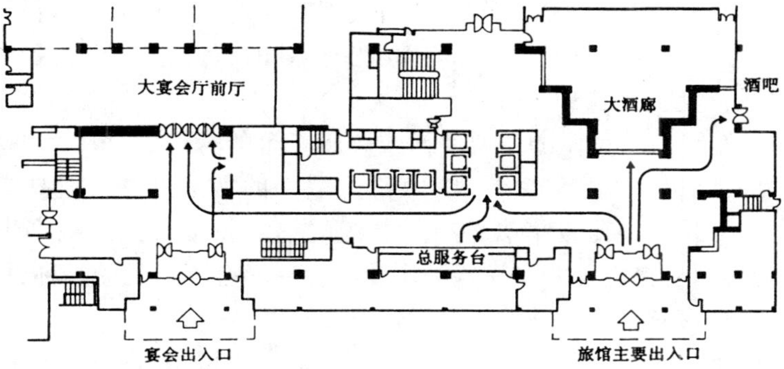

图 8-4 门厅人流示意(北京香格里拉饭店)

8.2.2 大堂的空间和界面处理

8.2.2.1 空间处理

每个酒店的空间形态是多样化的，这些基本条件是建筑设计时确定的，室内设计的空间处理是对大堂建筑空间的细划和再创造。大堂是酒店公共空间的中心，空间宜高大、开敞、流动，人的视线应不受阻隔，对各个部分能一目了然。根据大堂的使用功能，可分为交通、接待、休息三个区域，具体空间的处理可通过天花标高和造型的调节、家具围合、台阶、栏杆、室内绿化、地面材料等手法对空间进行限定和导向，形成大堂内丰富的空间效果。比如，对大堂休息空间的划分可通过定制的地毯、家具、台灯、立灯等形成一个又围又透的小休息区，既保持大堂空间的完整形象，又有相对的安定感(见图 8-5)。

8.2.2.2 界面处理

大堂的界面处理可以强化空间形象和性格，通过表现材料的质地及工艺美感，提升大

图 8-5　上海喜来登豪达太平洋大饭店大堂

堂的品位。

大堂地面常用磨光花岗岩或大理石，色泽纹理美观、耐磨，易清洁，可用局部拼花的手法强调大堂的中心区域或作视觉引导和与墙面交界处的压边。在休息区和大堂咖啡厅处可选用装饰性强的地毯。

墙面做法比较灵活，在大堂的主要墙面或总服务台的背景墙可用艺术品（如绘画、浮雕、壁龛、工艺品）或其他手法重点装饰。大部分墙面的做法可选用较高级的天然材料，如石材、木材等。石材效果比较华贵、厚重，高级的细木装修令人感到高贵、亲切、温暖。新型的玻璃作为界面材料也开始在一些酒店使用。玻璃有不透明的品种，一般色彩淡雅，配合内藏灯光可以取得轻松、新颖的现代风格。

天花是室内界面中视觉最远的面，一般选用石膏板、铝板等耐火材料，表面饰白色乳胶漆作简洁造型处理，还要结合灯具、送风口、回风口、扬声器、烟感的位置统一设计，保证天花有较强的整体效果。可以通过天花造型配合灯具照明强调大堂的重点区域（见图 8-6）。

图 8-6　现代风格的酒店大堂空间

8.3　酒店客房室内设计

酒店客房是酒店建筑的重要组成部分，是酒店的主要功能所在，并且是主要的营利单元。其面积和设备指标、室内环境和服务质量，成为评价酒店等级水平的综合因素。客房室内设计应该在有限的空间内创造出舒适、方便、安全、适合旅客休息、居住的环境（见图 8-7）。

8.3.1　客房的类型和面积标准

（1）标准客房：放两张单人床，在旅游酒店中标准客房占大多数。

（2）单人客房和双人客房：放一张单人床或双人大床的客房（见图 8-8～图 8-10）。

（3）套间客房：按等级一般分为二套间和三套间。二套间是酒店中普通的套间，常将两个标准间打通而成，除卧室外，起居室作办公、客厅之用。三套间除卧室外，一般设办公、客厅、餐室、酒吧。三套间一般配备两个卫生间，也有带厨房的公寓式客房。

（4）总统套房：一般有二个主卧室和随从人员卧室，设豪华卫生间。配有书房、客厅、餐室、酒吧、厨房、会议室。

客房面积标准：

三星级客房一般为 18 m^2，卫生间为 4.5 m^2（见图 8-11～图 8-14）。

四星级客房一般为 20 m^2，卫生间为 6 m^2。

五星级客房一般为 26 m^2，卫生间为 10 m^2，浴厕分设（见图 8-15、图 8-16）。

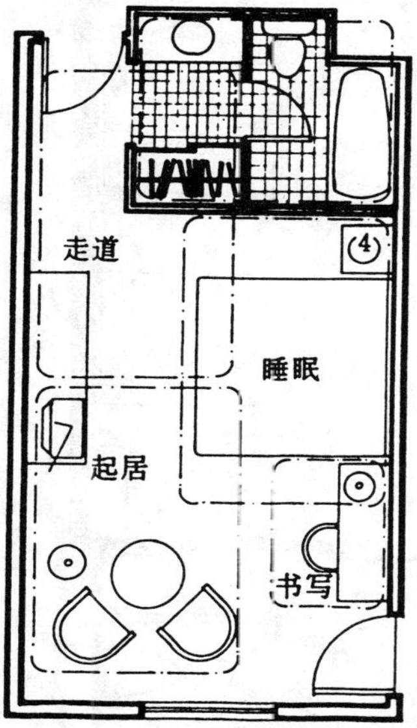

图 8-7　客房活动区域分析

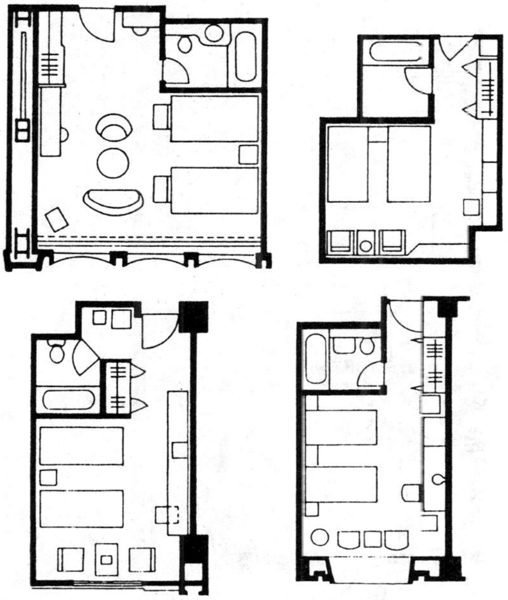

图 8-8　标准双床间客房平面

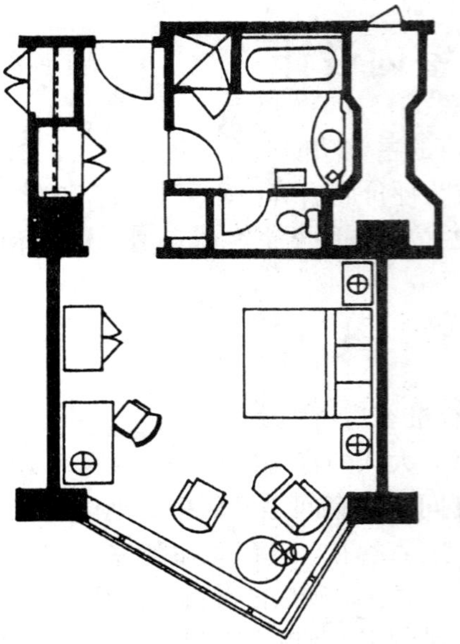

图 8-9　双人床间客房平面

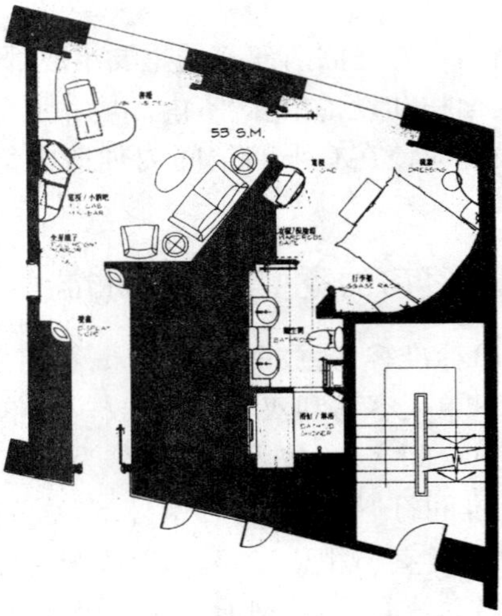

图 8-10　豪华套房平面

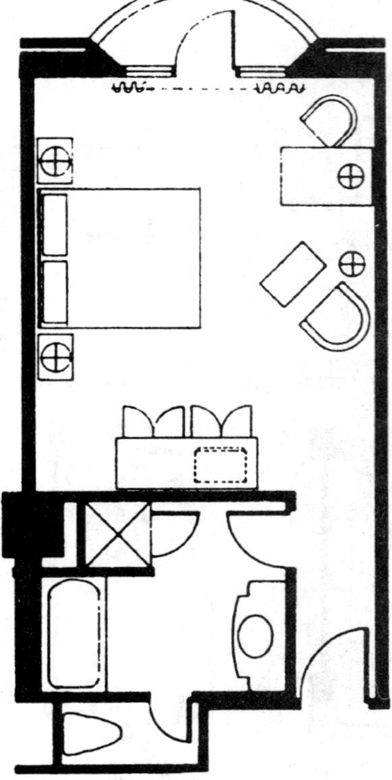

图 8-11　某地四季饭店带有特大卫生间的客房

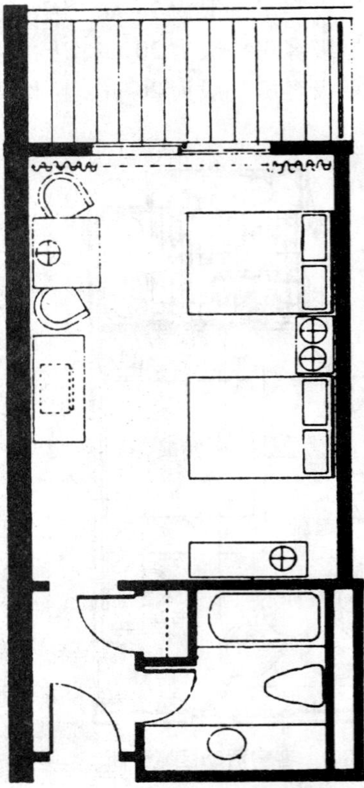

图 8-12　美国伊格尔旅店带有阳台的客房

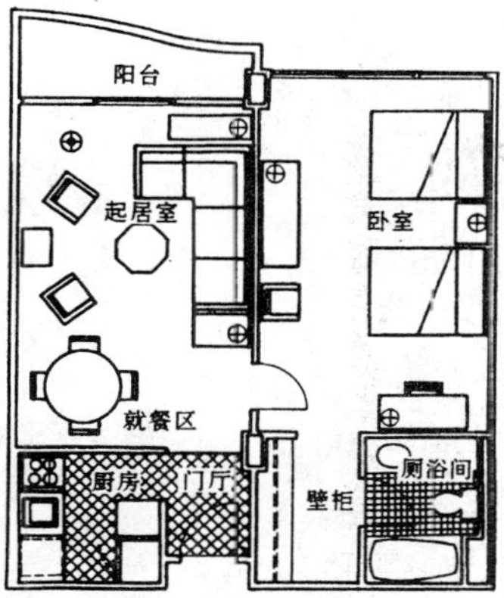

图 8-13　三星级客房(一)

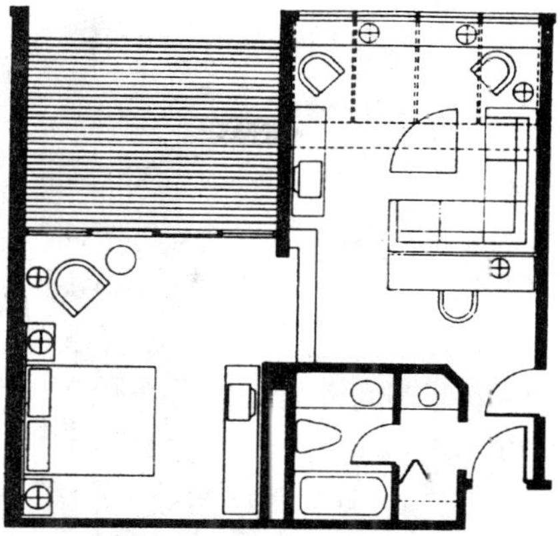

图 8-14　三星级客房(二)

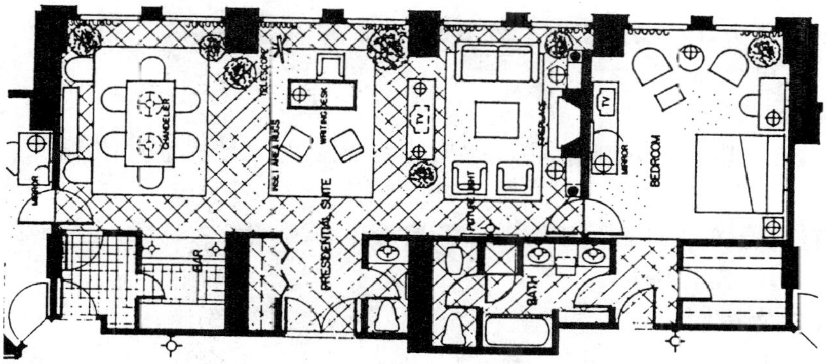

图 8-15　五星级客房

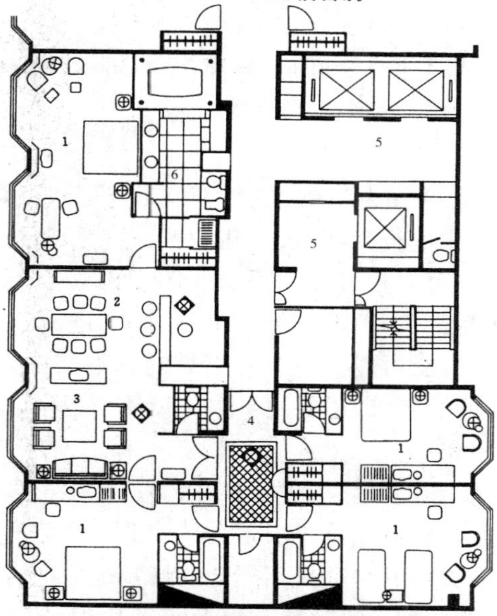

图 8-16　总统豪华套间客房平面

1—卧室;2—餐厅;3—起居室;4—公共空间;5—交通空间;6—卫生间

8.3.2 客房家具设备

(1)床的尺寸:

单人床　1 100 mm×2 000 mm

双人床　1 350 mm×2 000 mm,1 500 mm×2 100 mm

国王床　1 900～2 000(宽)mm×2 100(长)mm

(2)床头柜:装有控制电视、床头灯、落地灯、脚灯、音响等设备开关。

(3)装有玻璃镜的写字台兼化妆台及椅凳。宽度450～500 mm,高度700～750 mm,凳高430～450 mm。

(4)行李架:可与写字台统一,等宽,长750～900 mm,高450 mm。

(5)客房入口一侧设有挂衣壁柜和微型酒吧,配有小型冰箱。

(6)休息座椅一对和咖啡桌。

(7)照明:床头灯、落地灯、台灯、夜灯(装于卫生间一侧墙脚上)。

(8)电话、电视、插座。

(9)卫生间。

①浴缸:有冷热水龙头、淋浴喷头,侧墙装安全拉手,入墙式皂盒,毛巾架,淋浴帘,晾衣绳。

②装有洗脸盆的大理石台面,洗脸盆配有冷热水,临墙装大镜面。上方装有格栅或有机片灯盒,侧边墙装电器插头。

③坐便器及卫生纸盒。

④套房卫生间可将舆洗和坐便器,淋浴分设。

附:浴缸尺寸一般为大号　长1 680 mm×宽800 mm×深450 mm。

中号　长1 500 mm×宽750 mm×深450 mm。

小号　长1 200 mm×宽700 mm×深550 mm。

8.3.3 客房的装饰设计

客房根据不同使用功能可分为睡眠区、休息区、书写阅读区、盥洗区(见图8-17～图8-19)。根据旅客在客房中的行为特点,这几种区域应是既区分又有联系,以标准客房看,客房开间、进深的尺寸与家具尺寸的关系,对于空间区域形成的灵活和适应性有关。一般酒店的标准客房开间为3.6～3.8 m,不小于3.3 m,进深一般不小于4.5 m(不包括卫生间进深),在此尺度范围内,可以满足客房家具的基本摆放。家具设计的尺度形式要符合人体工程学和客房功能的要求,还要便于服务员清洁卫生。

客房家具占客房面积40%左右,有很高的视觉占有率,客房家具的造型、尺度、材质、色彩、风格对于影响客房空间质量起决定性的作用。由于客房面积有限,家具尺度应小型化,体重轻便。酒店客房家具总的设计要求是功能合理、尺度适宜、结构单纯、清洁方便、风格明确,能达到较高的舒适度。与家具相配合的灯具也应适合多样组合,与家具风格相协调。客房家具应注意配套使用,风格统一,以及与客房门、窗套、踢脚板在材质、色彩方面的协调。也有些酒店的高级套房将不同形式、材质、面料的沙发和家具成组布置,追求

图 8-17　德国珊瑚岛酒店标准客房

图 8-18　日本四季酒店卫生间

图 8-19　套房起居室

对比中的统一,显得丰富而有生气。客房的窗帘有遮光、吸音、隔音的作用,一般用较厚重的织物外层为遮光布,最外层为纱帘。同一客房内的织物品种、花色不宜过多,或相同,或弱对比,主要是能控制大的色调和装饰效果,创造出一种宁静、温馨的客房环境。对于不同楼层和不同套间的客房,可采用色彩的互换办法,家具样式不变,地毯和织物面料调整,可以取得整个酒店统一中有变化的效果。目前,客房的设计趋于标准化、设备设施也较雷同。设计师可从创造有地方化传统特点和乡土情调等方面下工夫,以求给客人留下深刻印象。

8.4 餐厅、宴会厅室内设计

8.4.1 餐厅的种类

酒店餐厅可分为中餐厅、西餐厅、特色餐厅、包房,有些餐厅服务项目还增设有自助餐。宴会厅一般服务于商务活动或向社会开放,设有主宾台,多为对称格局,气氛也较其他餐厅华丽、隆重。也有酒店多功能厅与宴会厅合为一体,在天花上设置活动或推拉隔断,可开可闭,比较灵活,适合举办各种规模的国际会议、宴会、商务聚会、冷餐会、舞会等。设计时应考虑调音室及相应的服务用房。

餐厅是酒店中重要的用餐和交际场所,酒店餐厅与社会餐厅相比,更注重显示高雅的环境气氛。设计时应研究处理不同餐厅用餐的形式和空间形态,着重构思一种主题风格,或浓郁的中国传统文化气氛,或温情的欧洲庭园风格,通过各种形式的装饰构件、界面的装修、家具陈设、灯具照明得到体现(见图 8-20 ~ 图 8-26)。

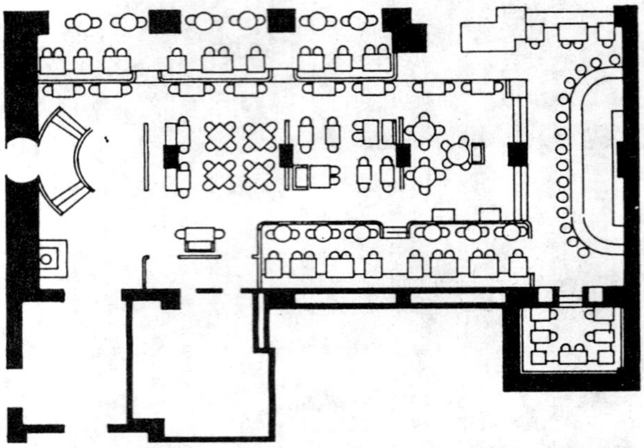

图 8-20 美国纽约皮尔塔摩酒店咖啡厅

8.4.2 餐厅的设计要点

(1)餐厅面积指标。一般较高档大餐厅为 1.5 ~ 1.9 m^2/座,小餐厅 2 m^2/座。

(2)尽可能区分客人进餐厅流线与送菜路线。餐座排列应保证客人流线和服务流线的通畅,避免送菜路线过长。配置足够的备餐柜。

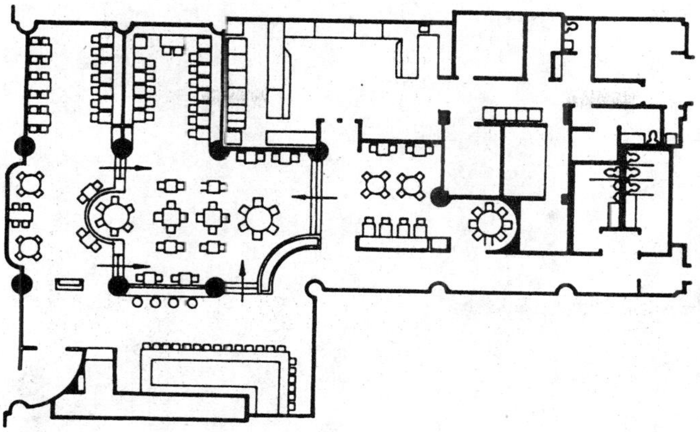

图 8-21　国外某餐厅

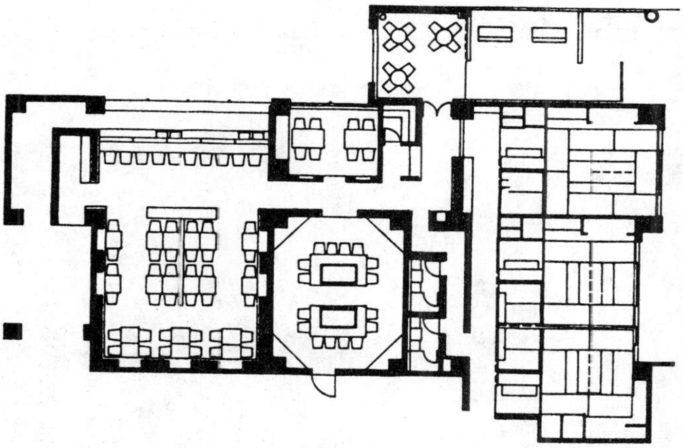

图 8-22　上海日航龙柏饭店日本餐厅

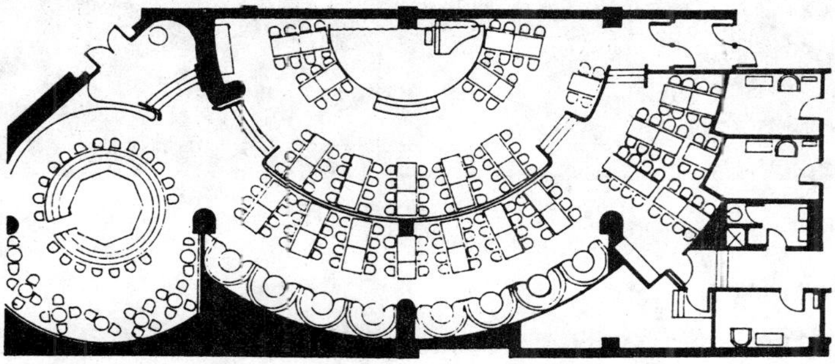

图 8-23　北京长城饭店夜总会

(3)备餐间出入口宜隐蔽,避免客人视线看到厨房内部,厨房与餐厅间应设门,避免

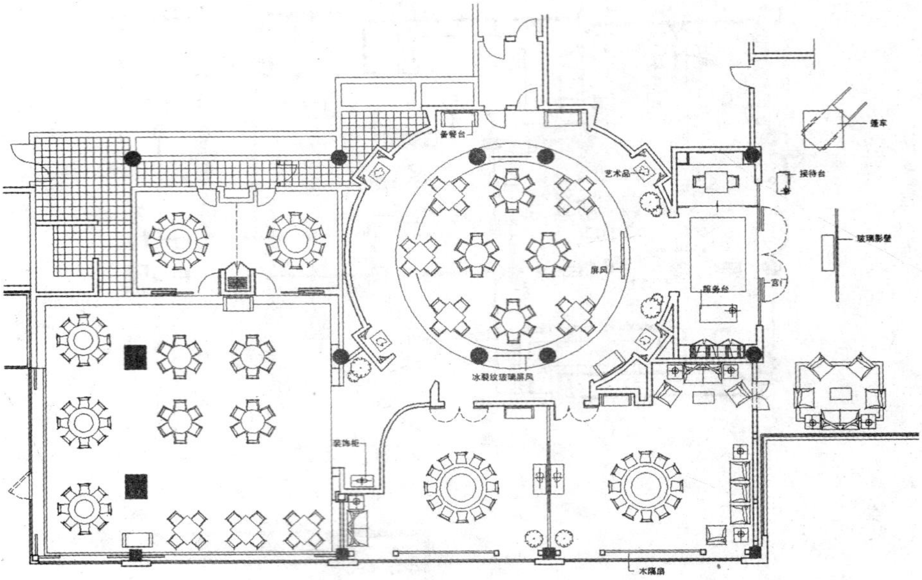

图 8-24　北京凯宾斯基饭店中餐厅

图 8-25　酒店宴会厅

厨房的油烟味及噪声进入餐厅。

(4)不同的餐厅从入口到内部应有鲜明的装饰特征,并配置适当绿化,调节餐厅环境。

(5)卫生间不应离餐厅太远,大小应与餐厅规模相应。

(6)应重视不同餐位的私密性和不受干扰。

(7)餐厅厨房的设计应由专业厨具设备公司与室内设计师配合完成。

图 8-26　酒店中餐厅

8.4.3　餐厅的家具布置

(1)常用餐桌尺寸(见图 8-27)。

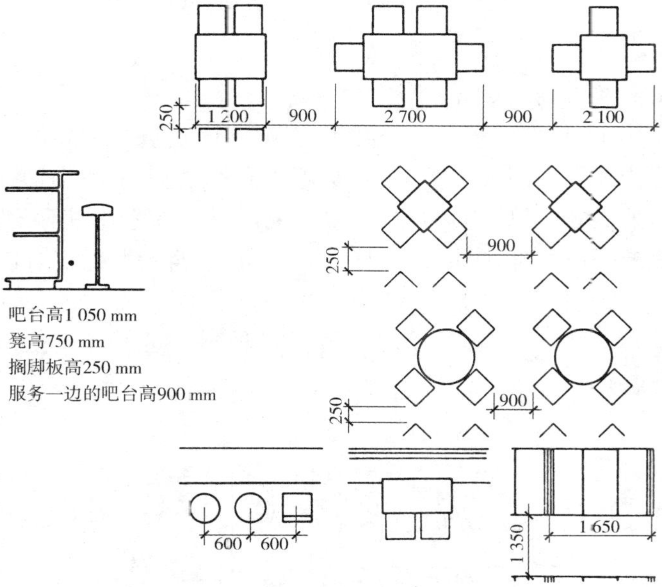

图 8-27　各种类型的餐桌布置和尺寸　(单位:mm)

圆桌直径:4 人桌 1 050 mm,6 人桌 1 200 mm,8 人桌 1 500 mm,12 人桌 1 800 mm;
方桌:最小宽 700 mm;
4 人用方桌最小为 900 mm × 900 mm;

4 人用长方桌　　1 200 mm×750 mm；
6 人用长方桌　　1 500 mm×750 mm，1 800 mm×750 mm；
8 人用长方桌　　2 400 mm×750 mm。

（2）酒吧台尺寸（见图 8-28）。

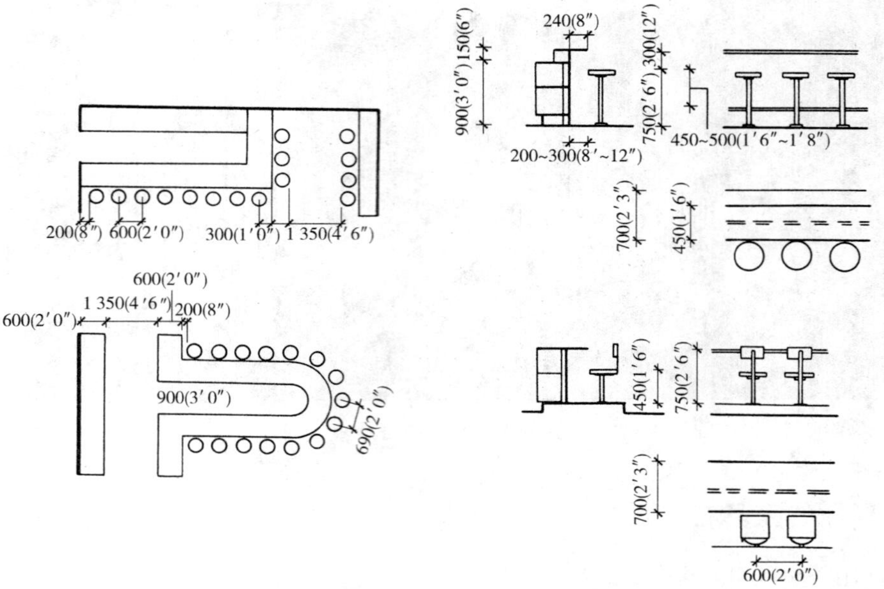

图 8-28　酒吧台尺寸　（单位：mm）

吧台高 1 050～1 100 mm；

吧凳高 750 mm，搁脚高 250 mm。

中餐厅以圆桌为主，餐桌的布置比较灵活，根据不同建筑空间和设计需要，可有不同摆法。在一个餐厅内摆放不同大小餐桌，可提高对顾客的适应性。餐桌间距应大一些，利于服务小推车穿行。西餐厅以方桌为主，靠墙和隔断处可布置卡座（火车座），私密感较强。方桌可根据需要拼成长桌，也可方、圆桌并存。有些西餐厅提供自助餐服务，自助餐台的摆法分为岛型、线型布置等（见图 8-29、图 8-30）。

特色餐厅包括日本餐厅、韩国餐厅等，从菜系品种到空间布局和家具陈设均体现各国的民族文化与风格特点。

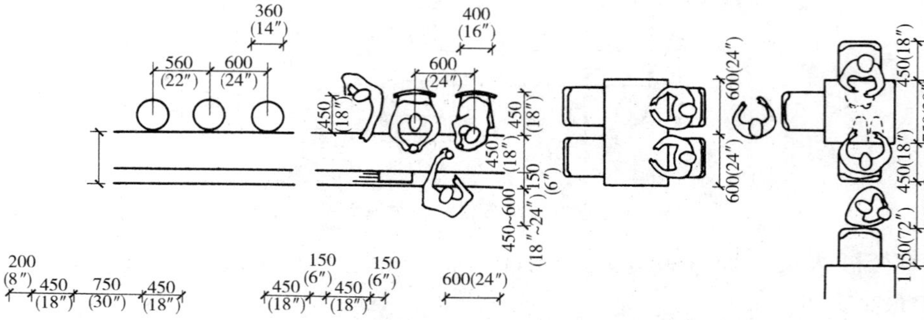

图 8-29　餐饮活动尺寸（一）　（单位：mm(in)）

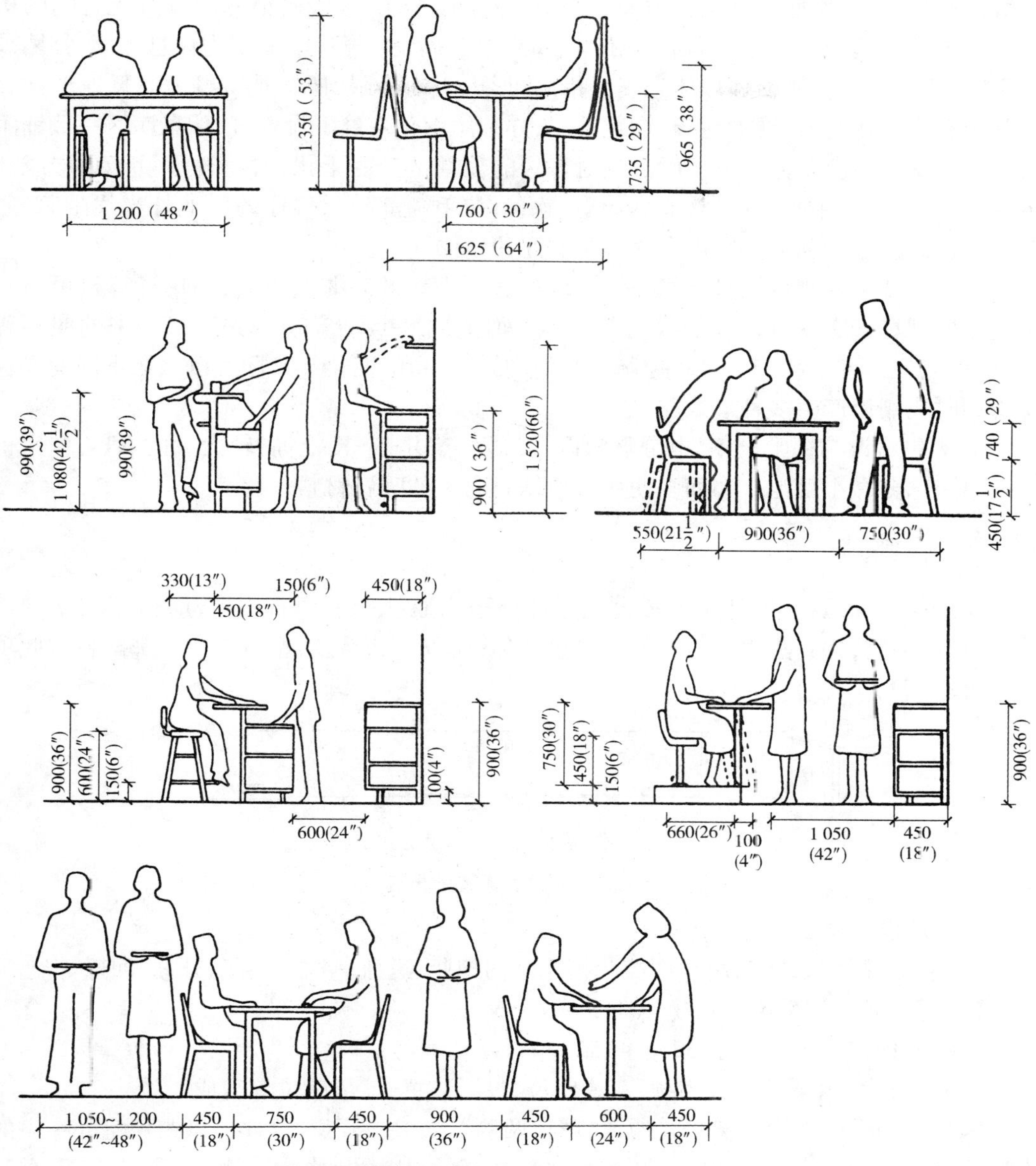

图 8-30　餐饮活动尺寸(二)　（单位:mm(in)）

8.5　娱乐和健身部分的室内设计

8.5.1　舞厅、KTV 包房

酒店舞厅主要由舞池、演奏用小舞台、声光控制室、休息座、吧台、衣帽间、卫生间等组成。有些舞厅还设有电动伸缩舞台、化妆间,供时装表演或文艺演出之用。舞厅的特色在于灯光设计，由于舞厅灯具设备类型较多，专业化程度强，一般聘请专门作灯光音响的机构与室内设计师配合工作。酒店舞厅的格局一般为中间设舞池，周围为休息散座，临墙或临窗设卡座，也有将周围环形休息座区抬高，形成明确界限，便于观赏舞池。舞池地面材料常用有磨光花岗岩、硬木地板、镭射玻璃，亦有用钢化玻璃下设彩灯，休息座区一般铺耐磨的化纤图案地毯。为避免舞厅音响对客房的公共部分的干扰，常将舞厅设于顶层或地下室，墙面做法多用吸音材料，如吸音毯、软包、拉毛喷漆等。舞厅的舞池外光线幽暗，照度较低，墙面装饰不必过细，求大效果和舞厅的整体气氛。

先进的音响控制系统对于舞厅室内设计达到理想效果非常重要，利用计算机可对整个大厅各种灯光实现自动控制，根据舞厅场面的变换，自动实现预先记忆下来的照明程序，还可以根据音乐的节奏自动控制灯光的闪烁、色彩的变化。舞厅可以根据不同的经营思想和时代潮流产生多种形式与风格。

KTV 包房设有视听设备、电脑点歌以及沙发、茶几、茶具柜等，较大型的 KTV 包房也有划出一部分做小舞池。墙面多使用软色织物为主的吸音材料。

8.5.2 保龄球

保龄球又称地滚球，是在木板道上用球撞击木瓶柱的一项室内运动，由于其不受年龄、性别的限制，并且集娱乐、竞技、健身于一体，所以日趋普及，星级酒店大都配备有此项目（见图 8-31）。

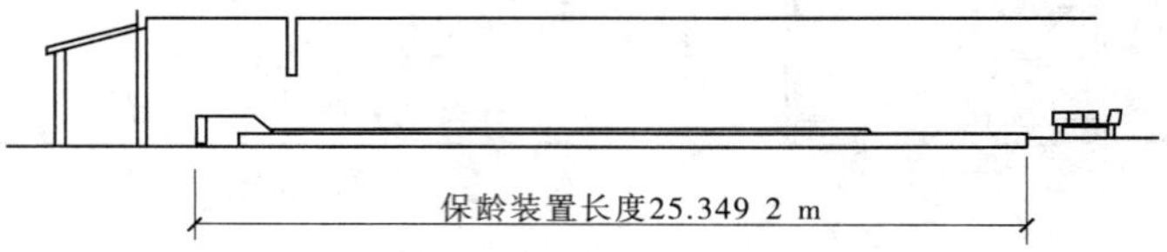

图 8-31　保龄球装置长度

保龄球设备由以下部分组成：

（1）自动化机械系统，由程序控制箱控制的扫瓶、送瓶、竖瓶、夹瓶、升球、回球等。

（2）球道长 1 915.63 cm，宽 104.2 ~ 106.6 cm。

助路道长 457.2 cm，宽 152.2 ~ 152.9 cm。

（3）记分台，由电脑记分系统、双人座位、投影装置、球员座位等组成。

保龄球场很少采用自然采光通风，球道两侧墙一般不开窗，这样可以避免室外噪声的干扰和灰尘侵袭污染。墙面应经防潮和隔热处理，可用木装修或喷涂，色彩以明亮、柔和为宜。

酒店的保龄球场常设 4 ~ 8 股道，基地条件许可时，也有增至 12 ~ 24 股道。标准保龄球道用上等枫木和松木地板镶嵌而成，在助跑道、球道开端，放置球瓶部位，即易受撞击地带可用枫木板条拼接，其余可用松木。入口前厅和休息、服务区域的地面装修，可用花岗岩、地毯、瓷砖等材料，应注意与墙面的相互衬托和协调。酒店中的保龄球房一般面积较大，有前厅过渡，内设厕所、更衣、换鞋、饮料等设施，也有些酒店将保龄球设在地下一层。

保龄球场的顶棚形式，最理想的是整跨屋架顺着球道长向布置，因为这样可以使将来继续发展时较易处理。在纵向柱子愈少愈好，柱子离犯规线至少应有 60.96 cm，并应保持 491.01 cm 的空地。顶棚的形式应塑造成有助于对声音的控制和能隐蔽光源，使运动员在发球方向不受光源影响（见图 8-32）。

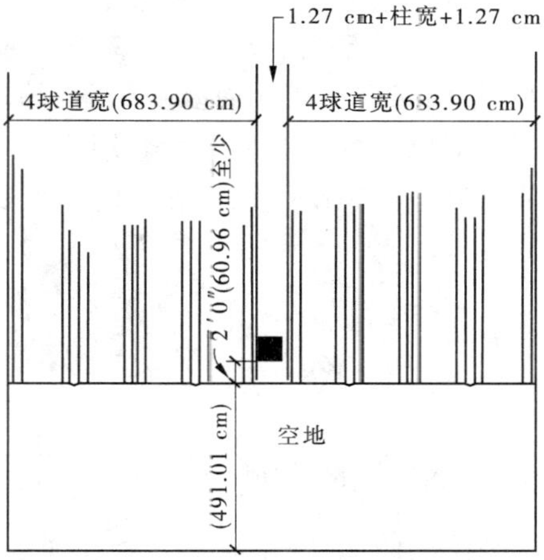

图 8-32　柱子和球道、犯规线关系示意

8.5.3　蒸汽浴室、健身房

蒸气浴分为低温高湿度的土耳其式蒸气浴和高温低湿度的芬兰式桑拿浴，桑拿房有定型产品，也有装配式成套设备出售。

浴室装有防雾灯，室内表面不能用金属、塑料，一般用松木板，门把手应用木制，门不要安装锁，地面材料应防滑。应尽量将蒸汽浴室排在靠近淋浴室的位置。

图 8-33 为不同体积和布置方式的蒸汽浴室。

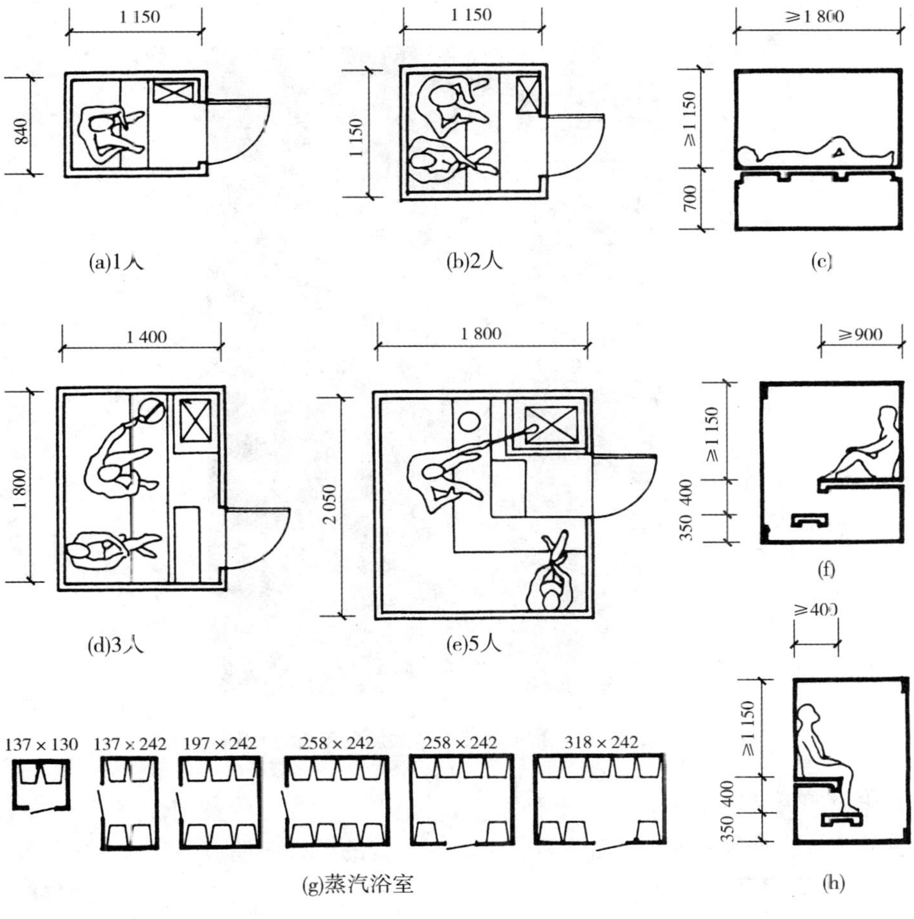

图 8-33　桑拿浴室和蒸汽浴室设计的基本尺寸　（单位：mm）

健身房和蒸汽浴室一般集中布置，便于管理，室内空间安排应考虑以下内容：接待、更衣、厕所、桑拿蒸汽浴室、淋浴室、健身练习室、按摩室、美发室。健身房需要面积宽敞、光线明亮，层高应在2.6 m以上。墙面需装整片镜面，地面可铺地毯或弹性地板，设音响和空调。提供的健身器材由专业厂方配套供应，占用空间面积一般在60～90 m^2。健身康乐部分的整个规模应根据酒店的等级要求和对外营业需要而定，装饰设计应满足防火规范的要求。

8.6 酒店的照明和色彩

8.6.1 酒店的照明

酒店的照明，除了满足一定功能上的照度要求外，还要通过照明灯具与室内装修与构造等的有机结合，通过光的构图与光在空间多层次的分布，营造和渲染酒店气氛，使客人产生愉悦的心境（见图8-34）。

图8-34　上海瑞吉红塔大酒店电梯厅照明

酒店照明方式大体上可分为三种类型：一是以功能为主的实用性照明；二是以艺术气氛为主的装饰性照明；三是功能性和艺术性相结合的效果照明。

8.6.1.1 入口门厅与大堂

入口门厅是客人进入酒店的过渡性空间，照明灯具的设计宜简洁，可设置调光器以调节门厅的照度，使客人通过门厅适应室外与室内昼夜阴晴光线的变化。

大堂是整个酒店的核心，具有多种功能，在选择照明方式上应能满足各个空间的功能要求，以不同的照度和照明方式，提高使用和服务效率。在整体上还要使不同的照明形式得到统一，显示一种酒店特有的优雅、亲切的气氛。

1）大堂的总体照明

大堂总体照明起装饰和控制尺度及气氛的作用，在设计时要根据建筑的条件、天花的高低，选择不同的灯具和照明方式，如建筑化照明、装饰性的发光顶篷、反射灯槽，以及华丽的水晶吊灯等。大堂照度不必过大，但要提高垂直照度，当大堂天花较高时，应增加补充照明，如壁灯、地灯等。

2）总服务台

客人要办理入住、咨询、结账等手续，总服务台是进入门厅首先寻找的地方。这种功能决定了此区域应有较高的照度，成为整个大堂内的视觉焦点。常用的照明方法是暗藏式照灯、悬挂式照明和台灯照明等。

3）休息区

酒店休息区是客人休息和会客的地方，环境气氛应有轻松、亲切感。简单的方法是设立装饰性台灯或落地灯限定休息空间，并可补充一般照明的不足，丰富整个光环境的层次感。

8.6.1.2 走廊

酒店的客房走廊一般是双面设客房，无论白天和夜晚都要靠人工照明。常用的照明方式如发光灯槽、筒灯、壁灯等。酒店客房层应与公共部分区别，照度不要太强，意在创造优雅、宁静的气氛。设计走廊灯具时应与客房门的位置对应，以便旅客看清房间号和门锁。通往公共场所的走廊，照明要明亮些。走廊和疏散楼梯间应按规范设应急照明，以满足特殊情况下的要求。

8.6.1.3 客房照明

客房照明应以创造安静舒适的休息环境和满足一定使用功能为准。

客房入口小过道的天花一般装筒灯或下射式灯具，使入口处和壁柜有一定的照度，较高级的酒店壁柜内装有照明灯，设限位开关，灯可随柜门自动开启和关闭。小过道天花灯位置的确定要和空调专业相配合，以免风管和灯位重叠，影响天花标高。

单间客房内一般不设顶灯，根据不同区域分别设床头照明、台面照明、休息区照明。这种照明组合使客房气氛更利于休息。套间客房由于有会客、洽谈多种功能，可设反射照明形式的一般照明与其他桌子、沙发处的局部照明相结合，通过选择组合来调节起居室的照度和气氛。

床头灯的位置应便于客人躺在床上阅读，灯的照射角度尽可能不影响同房其他客人休息，并通过调光装置调节光的强弱。为满足客人在桌上书写或化妆，多采用台灯和镜前灯，落地灯和结合窗帘盒的暗藏灯则为窗前的休息区提供照明。

卫生间镜子上方通常设置装有荧光灯或白炽灯的乳白玻璃灯盒，或在镜子两侧设壁灯，应注意选择显色性能较好的灯具，光色不要太冷，另需加设天花照明。

8.6.1.4 餐厅和宴会厅照明

餐厅照明设计选用何种照明方式和选用何种灯具要视餐厅的装饰风格、气氛需要而定。中西餐厅对照度的要求略有不同，中餐厅照度偏高，常使背景照明有较高的亮度，形成较开放热烈的气氛；西餐厅照度略低，突出餐桌照度与环境照度的对比，私密性较强，也有在餐桌上加蜡烛灯，创造出一种古典西式餐厅的情调或节日氛围。餐厅照明应有与餐桌食品相协调的光色，并保证餐桌达到一定亮度以看清菜单。

多功能宴会厅具有举行大型宴会和表演、舞会、展示及会议等多种功能，应有多种照明方式和组合，以适应不同活动照明和气氛的需要。由于多功能厅多装有分隔空间的推拉屏风，在照明布置时应考虑每个空间的单元独立性和整体性。多功能厅的照度和光源显色性都较高，常选用大型装饰性强的灯具或多层次的色光烘托华丽的气氛。

我国旅游宾馆的照度标准见表 8-1。

表 8-1　我国旅游宾馆的照度标准

房间名称	推荐照度(lx)
大门厅、大宴会厅、厨房	150 ~ 300
多功能大厅、总服务台	300 ~ 750
电影院、小舞厅、旋转舞台	50 ~ 100
餐厅、小卖部、休息厅、会议厅、外币兑换处、网球室、美容室	100 ~ 200
酒吧、咖啡厅、茶室、游艺室、四季室、游泳厅	50 ~ 100
健身室	30 ~ 75
客房、电梯间、台球室、保龄球馆	30 ~ 75
客房、卫生间、洗衣间、邮电厅	75 ~ 150
储藏间、楼梯间、公共卫生间	10 ~ 20
衣帽间、库房、冷冻间、客房走道	15 ~ 30

8.6.2　色彩

色彩是影响酒店室内设计风格和环境气氛的重要因素。不同的色彩组合和色彩环境，能使客人产生不同的联想和产生不同的生理与心理效应。在酒店的不同部位，由于环境和使用功能不同，分别需要用不同的色调营造出或华丽庄重，或淡雅宁静，或活泼热烈等气氛，以吸引和适应各方客人的需要。同时，整个酒店还应有一个主导的色调和体系，以形成完整的设计风格，给客人留下深刻的印象。

在作室内设计的色彩计划时，需要考虑室内环境中的基本构成要素：灯光照明与自然光、空间类型和界面、材料质感、家具陈设和绿化等，这些都是直接与室内色彩设计效果有紧密联系的因素，理想的色彩效果是通过以上的综合运用和调整，才得以实现。应重视色彩与光的关系，色彩是通过光反射到眼睛而产生的，没有光就没有色彩，就没有办法感知环境。同样的色彩组合，在自然光和人工光源下显现的色彩效果有较大的区别，通过运用冷与暖不同光色的光源，对室内物体的固有色会产生较大的影响。现代酒店室内设计更注重运用光和色彩的综合因素，从整体色彩环境的构思出发追求色彩意境。通过各空间界面色彩的运用，达到提示、调整、完善、统一和限定空间的作用，并创造良好的环境氛围，实现设计师对酒店特定的构思，满足客人的心理和精神需求。

确定酒店室内色彩，还应重视分析酒店建筑所处的地理环境和气候因素，酒店处于不同位置，如城市酒店、风景区的度假酒店，对色彩的考虑应有所区别。前者可能强调都市气氛和在酒店中融入自然因素，后者可能淡化色彩而追求与自然环境的协调。寒带、热带不同纬度地区对色彩的运用也应有所区别，比如北方寒冷地区的酒店，室内色彩可用温和的暖色调为主，以求达到心理的平衡。

作为商业建筑的酒店室内用色不是一成不变的，也同时受到当代审美和流行观念的影响，除了掌握好用色的规律和技巧，还应关注色彩心理学和生理学，研究各种建筑思潮和艺术流派对室内设计领域的影响，从而创造出有特色的室内外色彩环境。

第 9 章　外部环境景观设计

9.1　绪　论

随着社会经济的发展和人们生活水平的提高，人们对于生活环境品质的要求越来越高，外部环境景观得到了越来越多的关注。景观设计是一个有机的系统，包括城市自然景观、历史景观和人工景观，这三个方面相互渗透、融合，共同组成了外部环境的基本构架，也是设计师进行景观设计工作的重要对象。高品质的景观设计承担着改善城市生态环境、突出地方特色、弘扬城市文化和标识民族身份的崇高责任。人与自然完美结合的景观设计如图 9-1 所示。

图 9-1　人与自然完美结合的景观设计

9.1.1　景观设计的内涵

景观设计是一项设计内容丰富的，集科学理性分析和艺术灵感创作于一体的，关于对土地设计的综合创作，并旨在解决人们一切户外空间活动的问题，为人们提供满意的生活空间和活动场所。景观设计可以说是一门古老而崭新的学科，它的存在和发展一直与人类的发展息息相连，包括人们对生存生活环境的追求，以及对生活环境无意识和有意识的改造活动。这种活动孕育了景观设计的产生。我们回顾相关的历史，可以隐约窥视到景观设计的发展历程，或者说是这种追求和改造活动形成的众多的学科如建筑、景园设计、画家等一起促生了景观设计的诞生。在此，需要明晰以下几个基本概念：

景观（Landscape）　是指土地及土地上的空间和物质所构成的综合体。它是复杂的自然过程和人类活动在大地上的烙印。

景观设计学（Landscape Architecture）　是关于景观的分析、规划布局、改造、设计、管理、保护和恢复的科学与艺术。

景观设计师(Landscape Architect) 是以景观设计为职业的专业人员，是大工业、城市化和社会化背景下的产物。景观设计师工作的对象是土地综合体的复杂的综合问题，面临的问题是土地、人类、城市和土地上的一切生命的安全与健康以及可持续发展的问题。

9.1.2 景观设计的活动领域

景观设计与风景园林学、建筑学、环境设计、城市规划等学科相互联系、相互促进，学科的发展不断融合。科技发展和社会的进步使人们认识到城市规划的重要性及环境和景观的价值所在。今天世界各地的人们都开始关注城市的健康发展，关注如何营造一个良好的居住环境和生活空间，这也是景观设计与景观建筑学、城市规划学、风景园林学共同的追求目标之一。因此，在以上各学科中都不同程度地采用绿化、城市空间设计等手法，在庭院设计、城市开放空间等领域体现了这种思想。这也是景观设计为何在相关的专业领域都有其发展的原因。

一般来讲，在城市规划中体现在城市园林绿地系统规划方面；在园林专业中有景园规划设计等方面；在建筑学中体现在景观建筑学方面；在城市设计中如城市广场设计、城市滨水区设计、城市公园设计等都有许多的专业人士在从事着景观设计的工作。

目前，景观规划与设计不仅取得了很大的进步，在运用新技术方面也取得了一定的进展，包括场地设计、景观生态分析、风景区分析等方面都开始了对 RS、GIS 和 GPS 的运用及远近研究。

同济大学景观设计学系刘滨谊教授认为，景观设计或景观工程实践的整体框架大致应该包括以下层次和内容。

国土规划：自然保护区区划，国家风景名胜区保护开发。

场地规划：新城建设；城市再开发；居住区开发；河岸、港口、水域利用，开放空间与公共绿地规划，旅游游憩地规划设计。

城市设计：城市空间创造，校园设计，指导城市设计研究，城市街景广场设计。

场地设计：科技工业园设计，居住区环境设计，校园设计。

场地详细设计：建筑环境设计，园林建筑小品，店面、灯光。

景观规划与设计的概念及实践范畴是随着社会的发展在不断演变和扩充的。而且，在不同的国家其具体的实践领域也有所差别，这不仅与学科本身的发展关系紧密，与当地实际的经济发展状况也有密切的关系。

9.2 景观设计的程序与原则

为了使景观设计顺利进行，满足用户提出的要求，大多设计师都必须经历一系列分析和创造性的思考过程，并遵循景观设计的原则，完成景观的设计，使设计尽可能达到预期的效果及功能和美学上的和谐。

9.2.1 设计程序

各种项目的设计都要经过由浅入深、从粗到细、不断完善的过程，景观设计也不例外，设计者应先进行基地调查，熟悉物质环境、社会文化环境和视觉环境，然后对所有与设计有关的内容进行概括和分析，最后拿出合理的方案，完成设计。这种先调查再分析，最后综合的设计过程可划分为六个阶段，即任务书阶段、基地调查和分析阶段、方案设计阶段、详细设计阶段、施工图阶段、设计评价。每个阶段都有不同的内容，需解决不同的问题，并且对图面也有不同的要求。

9.2.1.1 任务书阶段

在任务书阶段，设计人员应该充分了解设计委托方的具体要求，有哪些愿望，对设计所要求的造价和时间期限等内容。这些内容往往是整个设计的根本依据，从中可以确定哪些值得深入细致地调查和分析，哪些只要做一般的了解。在任务书阶段很少用到图面，常用以文字说明为主的文件。

9.2.1.2 基地调查和分析阶段

掌握了任务书阶段的内容之后就应该着手进行基地调查，收集与基地有关的资料，补充并完善不完整的内容，对整个基地及环境状况进行综合分析。收集来的资料和分析的结果应尽量用图面、表格或图解的方式表示，通常用基地资料图记录调查的内容，用基地分析图表示分析的结果。这些图常用徒手线条勾绘，图面应简洁、醒目、说明问题，图中常用各种标记符号，并配以简要的文字说明或解释。

1）基地现状调查的内容

基地自然条件：地形、水体、土壤、植被。

气象资料：日照条件、温度、风、降雨、小气候。

人工设施：建筑及构筑物、道路和广场、各种管线。

视觉质量：基地现状景观、环境景观、视域。

基地范围及环境因子：物质环境、知觉环境、小气候、城市规划法规。

现状调查并不需将所有的内容一个不漏地调查清楚，应根据基地的规模、内外环境和使用目的分清主次，主要的应深入详尽地调查，次要的可简要地了解，如图 9-2 所示。

2）基地分析

调查是手段，分析才是目的。基地分析是在客观调查和主观评价的基础上，对基地及其环境的各种因素作出综合性的分析与评价，使基地的潜力得到充分发挥。基地分析在整个设计过程中占有很重要的地位，深入细致地进行基地分析有助于用地的规划和各项内容的详细设计，并且在分析过程中产生的一些设想也很有利用价值。基地分析包括在地形资料的基础上进行坡级分析、排水类型分析，在土壤资料的基础上进行土壤承载分析，在气象资料的基础上进行日照分析、小气候分析等。较大规模的基地是分项调查的，因此基地分析也应分项进行，最后再综合。首先将调查结果分别绘制在基地底图上，一张底图上只作一个单项内容，然后将诸项内容叠加到一张基地综合分析图上，如图 9-3 所示。由于各分项的调查或分析是分别进行的，因此可做得较细致、较深入，但在综合分析图上应该着重表示各项的主要和关键内容。基地综合分析图的图纸宜用描图纸，各分项内容可用不同的颜色加以区别。

9.2.1.3 方案设计阶段

当基地规模较大及所安排的内容较多时，就应该在方案设计之前先作出整个园林的

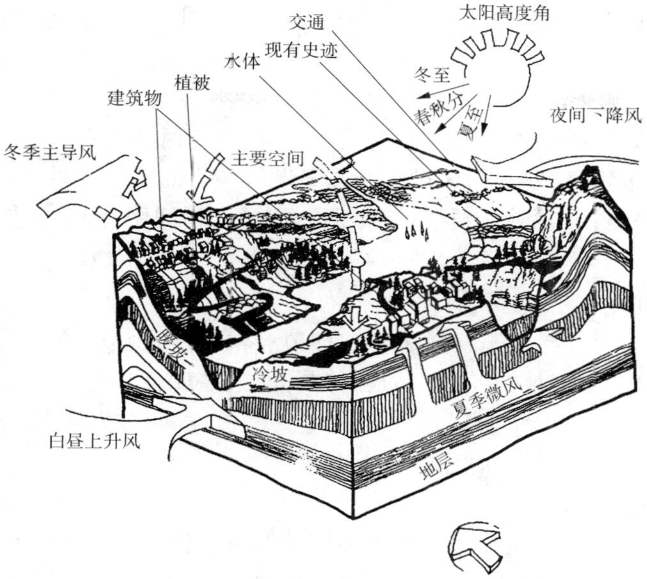

图 9-2　基地环境

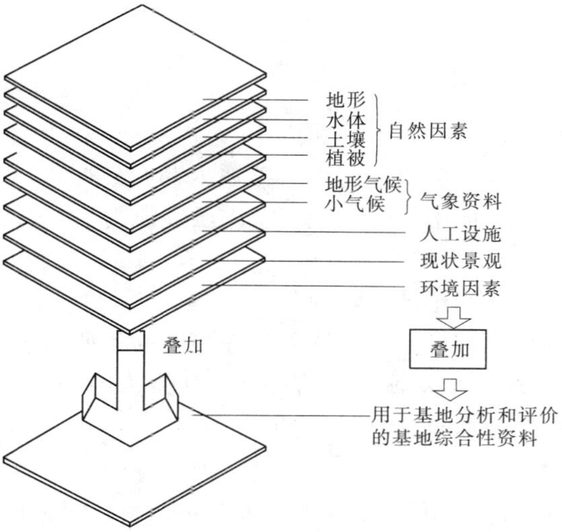

图 9-3　基地分析

用地规划或布置，保证功能合理，尽量利用基地条件，使诸项内容各得其所，然后再分区分块进行各局部景区或景点的方案设计。若范围较小，功能不复杂，则可以直接进行方案设计。方案设计阶段本身又根据方案发展的情况分为方案的构思、方案的选择与确定以及方案的完成三部分。综合考虑任务书所要求的内容和基地及环境条件，提出一些方案构思和设想，权衡利弊，确定一个较好的方案或几个方案构思所拼合成的综合方案，最后加以完善，完成初步设计。该阶段的工作主要包括进行功能分区，结合基地条件、空间及视觉构图确定各种使用区的平面位置（包括交通的布置和分级、广场和停车场地的安排、建筑及入口的确定等内容)。常用的图面有功能关系图、功能分析图、方案构思图和各类规划及总平面图。

9.2.1.4 详细设计阶段

方案设计完成后应协同委托方共同商议,然后根据商讨结果对方案进行修改和调整。一旦初步方案定下来后,就要全面地对整个方案进行各方面详细的设计,包括确定准确的形状、尺寸、色彩和材料。完成各局部详细的平立剖面图、详图、园景的透视图、表现整体设计的鸟瞰图等。

9.2.1.5 施工图阶段

施工图阶段是将设计与施工连接起来的环节。根据所设计的方案,结合各工种的要求分别绘制出能具体、准确地指导施工的各种图面,这些图面应能清楚、准确地表示出各项设计内容的尺寸、位置、形状、材料、种类、数量、色彩,以及构造和结构,完成施工平面图、地形设计图、种植平面图、园林建筑施工图等。

9.2.1.6 设计评估

设计评估对一个完善的设计过程来说必不可少,我们应从美学、功能、文化、环境这四个方面对项目进行评估。如城市景观的形态特征,对人们的生活发挥的作用、使用程度以及人们的认同感,是否建立了人与环境的有机和谐,对环境生态的影响程度,对自然地形、气候的尊重程度等。

9.2.2 景观设计原则

9.2.2.1 景观生态原则

当今越来越严重的环境危机迫使人们重新考察人与自然之间的关系,生态设计的观念随之渗透到社会各个方面。城市景观的生态意识已经成为当今时代极具影响的景观认知模式。

景观生态原则的主要特点在于把景观视为复合的人文与自然综合体,视为一种有机的、有生命的、动态的环境形态演进过程。这种认知模式的特征在于揭示了人类发展与生态环境之间的互动关系,提醒人们对城市景观的演变所带来的环境影响的重视,重新认识和保护人类赖以生存的自然环境,建构更好的生态环境。

9.2.2.2 人性化设计原则

人是城市景观体验的主体,我们的设计要以人为本,设计中处处体现对人的关注和尊重,期望环境行为模式获得使用者的认同;呼应现代人性意义,对人类生活空间与大自然的融合表示更多的支持;与人类的多样性和发展性相符合。

9.2.2.3 多元设计原则

多元的景观发展,要求景观设计强化地方性和多样性,以充分保留地域文化特色的景观来丰富全球景观资源。这主要表现在将地域传统中最具有活力的部分与景观未来发展相结合,使之获得持续的价值和生命力。

9.2.2.4 地域性原则

面对我国城市千城一面、文化丧失等问题,这个原则显得尤为重要。挖掘城市的文化内涵,把握城市的历史文脉,塑造城市的景观特色,使人们产生心理和文化的认同感。

9.2.2.5 **技术设计现念**

全球化时期的景观设计，应充分利用技术所提供的一切可能性来展示技术的合理性，反映技术与人类情感相融合的发展动态和技术审美观念的多样化趋势，体现景观智能化趋势，创造有"感觉器官"的景观，使其如有生命的机体般活性运转良性循环。

9.2.2.6 **美学原则**

城市景观规划与设计要按照美学原则来组织景观各要素，城市的平面布局应清晰明了，各类景观节点的安排要和谐有序，对形体、色彩、质感的处理应多样而统一，给人以视觉上的享受和心理上的愉悦。

9.3 景观设计要素

9.3.1 地形

地形是景观设计最基本的场地和基础。地形总体上分为山地和平原，进一步可以划分为盆地、丘陵，局部可以分为凹地、凸地等。在景观设计时，要充分利用原有的地形地貌，考虑生态学的观点，营造符合当地生态环境的自然景观，减少对其环境的干扰和破坏。同时，可以较少土石方量的开挖，节约经济成本。因此，充分考虑应用地形特点，是安排布置好其他景观元素的基础，如图 9-4 所示。

图 9-4 善用地形

9.3.2 地面铺装

地面铺装的目的是形成交通视线诱导(包括人流、车流)，能够方便使用者，提高对环境的识别性。有了这样的目标后，我们再探讨地面铺装的作用、类型和手法，如图 9-5 所示。

9.3.2.1 **地面铺装的作用**

地面铺装的作用如下：

(1)为了适应地面高频度的使用；

(2)避免雨天泥泞难走；

(3)给使用者提供适当范围的坚固的活动空间；

(4)通过布局和图案引导人行流线。

图 9-5　地面铺装

9.3.2.2　地面铺装的类型

地面铺装的类型，根据铺装的材质可以分为：

(1)沥青路面。多用于城市道路、国道。

(2)混凝土路面。多用于城市道路、国道。

(3)卵石嵌砌路面。多用于各种公园、广场。

(4)砖砌铺装。用于城市道路、小区道路的人行道、广场。

(5)石材铺装。

(6)预制砌块。

地面铺装的设计在满足使用功能的前提下，常常采用线性、流行性、拼图、色彩、材质搭配等手法为使用者提供活动的场所或者引导行人通达某个既定的地点。

9.3.3　水体

水体设计是景观设计的重点和难点。水的形态多样，千变万化，大体可分为静态水和动态水。静水安详，如湖泊、水池，如图 9-6 所示；动水灵动，如瀑布、叠水、喷泉。根据水景的功能还可以将其分为观赏类、嬉水类。

图 9-6　反映着天空的静水

水体设计要考虑以下几点：

(1)水景设计和地面排水结合；

(2)管线和设施的隐蔽性设计；

(3)防水层和防潮性设计；

(4)与灯光照明相结合；

(5)寒冷地区考虑结冰防冻。

9.3.4 植被

植被是景观设计的重要素材之一。景观设计中的素材包括草坪、灌木和各种大、小乔木等。巧妙合理地运用植被不仅可以成功营造出人们熟悉喜欢的各种空间，还可以改善住户的局部气候环境，使住户和朋友邻里在舒适愉悦的环境里完成交谈、驻足聊天、照看小孩等活动。

植物具有四大功能：建筑功能、工程功能、调节气候功能、美学功能。

建筑功能：界定空间、遮景、提供私密性空间和创造系列景观等，简言之，即空间造型功能，如图9-7所示。

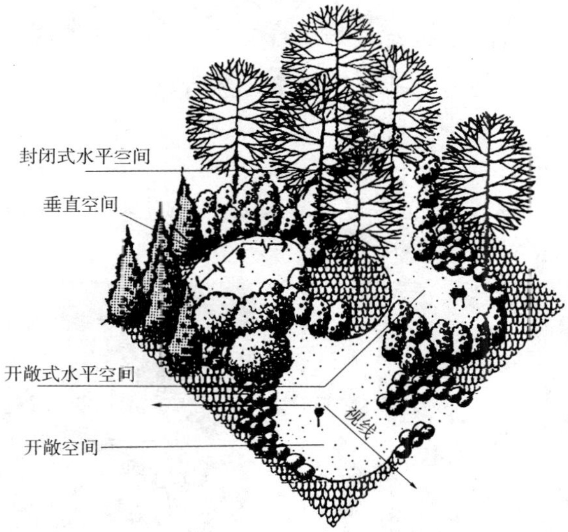

图9-7 植物的空间造型功能

工程功能：防止眩光、防止水土流失、降低噪声、交通视线诱导。

调节气候功能：遮阴、防风、调节温度和影响雨水的汇流等。

美学功能：强调主景、框景及美化其他设计元素，使其作为景观焦点或背景；另外，利用植被的色彩差别、质地等特点还可以形成小范围的特色，以提高景观的识别性，使其更加人性化。

植物设计时还必须考虑以下原则：

(1)满足环境性质和功能的要求。

(2)植物造景要与环境总体布局一致，与周围环境相协调。

(3)植物的选择与配置必须满足植物对生态条件的要求，做到“适地适树”。

(4)植物造景设计要充分体现植物的艺术功能和观赏性。

(5)全面考虑植物的季相性变化和色彩对比，如图9-8所示。

图 9-8　植物色彩对比

9.3.5　景观小品

景观小品主要指各种材质的公共艺术雕塑或者与艺术化的公共设施如垃圾箱、座椅、公用电话、指示牌、路标等，如图 9-9 所示。

图 9-9　景观小品

9.4 城市广场景观设计

9.4.1 广场的定义

拉丁语“Platea”原本指房屋与房屋之间“宽阔的空间”，是一种关于道路与内庭院的表达用语，古希腊的“Agora”是“集中”的意思，表示人群的集中或人群集中的地方，后来常被用来表示广场。现代英语中表达广场的用词“Square”首先是“方形”、“方正”的意思，暗示着广场“方正”的空间形态。从各种语言的表达中我们可以观察到有关广场概念的共性，即具有一定空间开阔性。

今天人类进入了现代城市时期，伴随着城市的发展而发展的城市广场也被赋予了较昔日更为深刻、更为丰富的内涵并从不同的角度提出了多种多样的定义。

“广场是由于城市功能上的要求而设置的，是供人们活动的空间。城市广场通常是城市居民社会活动的中心，广场上可组织集会，供交通集散，组织居民游览休息，组织商业贸易的交流等。”其强调的是广场的功能作用。

日本芦原义信在《街道的美学》中则认为：“广场是强调城市中各类建筑围成的城市空间。”一个名副其实的广场，在空间构成上应该具备以下 4 个条件：

(1)边界线清晰，能成为图形，此边界线最好是建筑的外墙，而不是单纯遮挡视线的围墙。

(2)具有良好的封闭空间的“阴角”，容易构成“图形”。

(3)铺装面直到广场边界，空间领域明确，容易构成图形。

(4)周围的建筑具有某种统一和协调，D: H(宽: 高)有良好的比例。

在这里，芦原义信强调的是广场空间的构成。

在《人与空间》一书中，波诺夫针对广场的空间性和目的性进行定义：“有别于蓝天下普通的无屋盖的场所，广场是一种具有目的性的自由空间……广场始终是被限定了的，由人创造的并为其目的而设立的空间。”

维多诺韦茨关于城市广场的描述来自于对其社会意义的观察：“无论是何种形式和尺度，无论是封闭的还是开放的空间，广场始终是由人创造的并以某种形式为人的交流服务的场所。”

综上所述，国内外学者关于城市广场的定义均是侧重于广场的某一方面特性，没有一个多面的、综合的定义，但都有一个共同的属性：空间以及人在空间中的活动。

根据以上定义给我们的启迪，城市广场是为满足人们多种社会生活需要而建设的具有一定规模的节点型城市公共开放空间，它是物质要素(硬质景观和软质景观)与非物质要素(人的活动)的复合物。城市广场既是一个重要的城市景观要素，也是组织居民多样活动的社会功能场所。它是现代城市空间环境中最具公共性、最能反映都市文明和气氛的开放空间，是城市的“起居室”。如图 9-10 所示。

图 9-10　圣马克广场

9.4.2　城市广场的分类

根据所承担的功能以及位置和环境的不同，广场大致分为市政广场、纪念广场、交通广场、商业广场、建筑广场和市民休闲广场等。

9.4.2.1　市政广场

市政广场一般位于市政府和城市行政中心所在地，与繁华的商业街区有一定的距离，尽量避开人群的干扰，突出庄重的气氛。一般面积较大，能容纳较多人。广场上通常会安排一些活动，如音乐会和政治集会等。由于市政广场的主要目的是供群体活动，所以以硬地铺装为主，同时可适当地点缀绿化和小品。如图 9-11 所示。

9.4.2.2　纪念广场

针对某一特定历史事件或某一人物而修建，带有纪念、缅怀性质的广场。常用象征、标志、碑记、纪念馆等手段来突出某一主题，创造与主题相一致的环境气氛。主体纪念物应位于视觉中心，并根据纪念主题和整个场地的大小来确定其大小尺度、表现形式、材料质感等。形象鲜明、刻画生动的纪念主体将大大加强整个广场的纪念效果。如图 9-12 所示。

图 9-11　天安门广场

图 9-12　纪念广场

9. 4. 2. 3　**交通广场**

它是城市交通系统的有机组成部分，是交通的连接枢纽，以疏散、组织、疏导交通流量，转换交通方式为主要功能。

交通广场有两类：一种是城市多种交通汇合转换处的广场，如火车站前广场（见图 9-13）。这类广场要充分运用人车分离技术，合理组织人流、物流和车流的动线，最大限度地保障乘客安全便利地换乘和出站。广场要有足够的行车、停车和行人活动面积，并配置座椅、餐厅、小卖部、书报刊亭、银行自动取款机等设施，以更大程度地方便游客的出行。另一类交通广场是城市多条干道交汇处，也就是常说的环岛，一般以圆形为主。由于它往往位于城市的主要轴线上，所以其景观对形成整个城市的风貌影响甚大，因此除了配以适当树木外，广场上常常还要设置重要标志性建筑或大型喷泉，形成道路的对景。

9. 4. 2. 4　**商业广场**

商业广场位于商业区的节点，是城市生活的重要中心之一，是人们进行商品买卖和休

图 9-13　郑州火车站站前广场

闲娱乐的集散广场。商业广场以步行环境为主，内外建筑空间应相互渗透，商业活动区应相应集中。这样既便利顾客购物，也易于形成活泼醒目的商业氛围。合理组织流线，避免人流与车流的交叉，并设置休息设施，供人们在购物之余休息。成都春熙路中山广场，如图 9-14所示。

图 9-14　成都春熙路中山广场

9.4.2.5　建筑广场

建筑广场是建筑后退形成的开敞空间，其风格形式要兼顾建筑以及道路对景的需要。

建筑广场可以大大丰富道路的景观，建筑物和道路相互联系的过渡空间往往通过设置室外雕塑、花坛、喷泉、标识牌来加强引导交通和空间隔离的作用。

9.4.2.6　市民休闲广场

市民休闲广场是城市中供人们休憩、游玩、交流、聚会以及进行各种演出活动的场所。其平面布局形式灵活多变，可以是无中心片断式的，即每一个小空间围绕一个主题，而整体是“无”的。由于广场旨在为人们创造一个宜人的休闲场所，因此广场无论面积大小，从空间形态到小品坐椅，都要符合人的环境行为规律及人体尺度，才能使人乐于其中。如图 9-15、图 9-16 所示。

图 9-15　帕雷公园休闲小广场

图 9-16　IBM 世界总部花园广场

9.4.3 城市广场景观设计

9.4.3.1 满足人在广场中的行为心理

现代城市广场是为人们提供更方便舒适地参与多样性活动的公共空间，因此现代城市广场的规划设计更要贯彻以人为本的原则，主要就是对人在广场上活动的环境心理和行为特征进行研究，人的行为心理是人与环境相关关系的基础和桥梁，是空间环境设计的依据和根本。心理学提供了这种空间环境中“人”的观点。根据马斯洛理论关于人的需求层次的解释，我们把人在广场上的行为归纳为4个层次的需求。

一是生理需求，即最基本的需求要求广场舒适、方便。

二是安全需求，要求广场能为自身的“个体领域提供防卫的心理，保证防止外界对身体精神等的潜在威胁，使人的行为不受周围的影响，而保证个人行动的自由。

三是交往需求，这是人作为社会中一员的基本要求，也是社会生活的组成部分。每个人都有与他人交往的愿望，如在困难的时候希望得到帮助，在快乐的时候与人分享。

四是实现自我价值的需求，人们在公共场合中总希望能引人注目，引起他人的重视与尊重，甚至产生想表现自己的即时创造欲望。这是人的一种高级需求。

广场空间环境的创造就需要充分研究和把握人在广场中活动的行为心理，满足上述不同层次的要求，从而创造出与人的行为心理相一致的场所空间。

9.4.3.2 空间设计

1）基面

基面是建筑构成的基石，是空间造型的水平元素。缺少基面，广场的边界无法定义，景观要素也失去根基。在传统城市造型中，广场的基面一般就是地面，但是今天随着城市空间的立体化，地面的概念逐步模糊，广场的基面可以是地下车库、地下商业街或者其他地下设施的屋顶，甚至也可以以下沉空间模式出现。

关于基面的设计一般从尺寸、形态、肌理三个方面进行分析。

（1）尺寸。基面的尺寸即广场的大小。尺寸对于广场的空间感具有决定性意义，因为一个大型广场和一个小型广场给人的感受和舒适程度是完全不同的。太大会显得空旷，太小会有压迫感。广场的空间造型首先取决于各元素之间的相互关系，因此尺寸、大小是个相对概念，重要的是适度。

科学发现，根据人的视觉感受，适宜的广场基面的长宽比例介于3∶2与1∶2之间，即观察者的视角从40°～90°。显然，正方形的广场是一种比较理想的选择。因为从各个方向观察它都有较好的视觉感受。

人际交往中除了视觉感受，距离与人的感情和行为也密切相关。而距离本身也是关于基面尺寸的一个重要概念。一般距离越远关系越疏远，反之则关系越亲密。从表9-1中我们可以了解距离与交往的关系。

（2）形态。没有形态的空间是无法感知的。形态赋予空间基本的性格，它与空间是直接对应的关系。一般来说，形态越简单表现力越强，如正方形、圆形、三角形、矩形等。其中正方形称为理智的稳定的形态，历来有着特殊的象征意义，常被人与天空的4个方向、四季等联系起来。圆形是最简单的形态，具有鲜明的向心性，是创造空间围合性的最佳形态，标志着封闭、内向和稳定，圆形广场如图 9-17 所示。与正方形相比它更加简洁，非常适宜人的聚集以及展示，广场中央特别适合设置纪念物。与正方形相比矩形表现出明显的动感，并且主轴方向十分明确。另外，还有三角形广场和梯形广场，其中三角形表现出富有动感甚至侵略性的特征。

表 9-1　距离与交往的关系

距离	交往关系
0.9～2.4 m	社交距离（普通谈话距离、人与人之间关系密切、可看见谈话者的表情、听清语气细节）
12 m 以内	公共距离（可区别人面部表情）
25 m 以内	视觉距离（可认清人身份）
150 m 以内	感觉距离（可辨别身体姿态）
1 200 m	可看到人的最大距离

图 9-17　圆形广场

（3）肌理。肌理涉及材料的选择、材料表面的处理方式、铺贴原则、色彩以及图案造型等。基面的肌理可以细化或强化空间效果。例如，在实践中大面积的广场基面常常被图案造型所分割，通过采用不同的材料和色彩来获得较小的基面尺度感。视觉研究表明，基面的表面结构越细腻，广场空间就越显得宏大。通过对肌理造型进行处理，人们可以突出空间的轴向性,也可以创造空间的向心性,如图9-18所示。

图9-18　不同的铺装形式表达或开阔或纵深的空间感受

2)边界

边界主要是指建筑的立面,即广场空间的轮廓。与基面的水平特征相对应,边界主要是竖向的空间围合元素对广场空间的封闭性决定的。下面从尺寸、形态、肌理、入口等方面对边界进行介绍:

(1)尺寸。尺寸(高低)决定了空间的封闭程度,一般来说边界越高,空间封闭性越好。低的边界使广场空间显得宏大,高的边界使之显得狭小。值得一提的是这种空间感受必须与基面大小结合起来观察,因为广场空间效果主要取决于其水平与垂直两个维度的比例关系。不同的比例会产生不同的视觉效应,如作为边界的实体的高度为 H,观者与实体的距离为 D,这样 D 与 H 比值不同的情况下,可以得到不同的视觉效应,如图9-19所示。在日常生活中人们总是要求一种内聚、安定、亲切的环境,所以历史上许多好的城市广场空间 D 与 H 的比值大多在1∶2与1∶3之间,例如圣马克广场,视角20°,也在这个比例内,因此具有良好的围合效果。

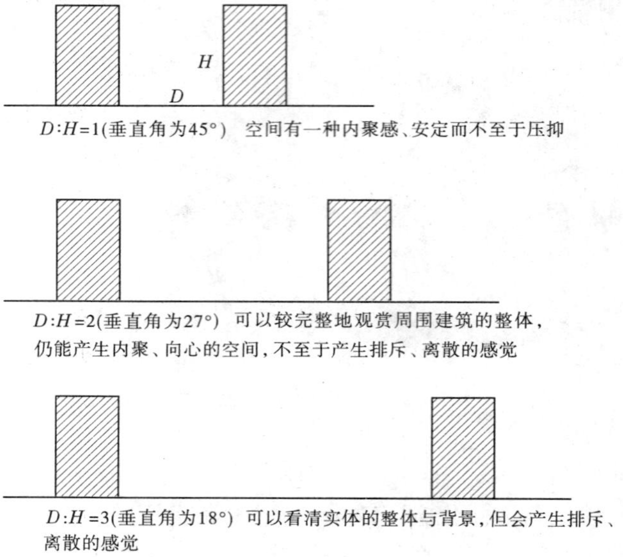

图9-19　距离与尺度

(2)形态。芦原义信从不同的边界形式中总结出 3 种基本的类型:①角柱限定的空间;②边封闭角开放的空间;③角封闭边开放的空间。这 3 种空间类型都有开口,然而第一种情况空间明显是非常开敞的,第二种情况空间显得封闭,但开放的角使它比第三种类型更开放些,第三种情况则具有最佳的围合性,可以看出加强角部的分量有利于空间的围合性,如图 9-20 所示。

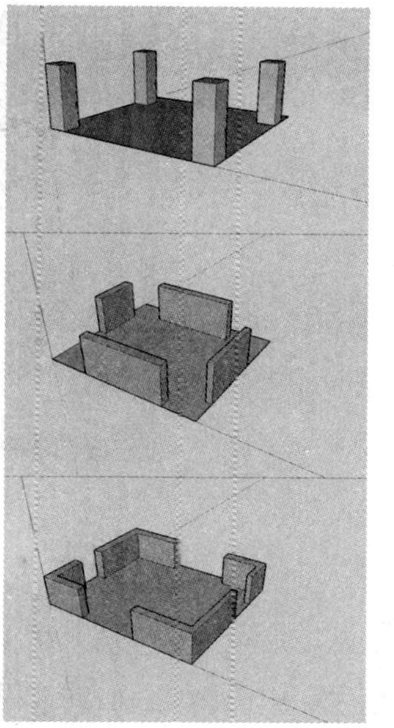

图 9-20　三种空间形态

(3)肌理。肌理是边界的表面造型。因为广场的边界一般是建筑的立面,因此边界的肌理主要是关于色彩、材质、几何构成、划分等不同的立面处理方式。它们大多呈现出具有立体或浮雕感的肌理,使广场空间获得一种新的尺度。

(4)入口。广场与城市街道紧密相关,广场的开口是联系城市与广场空间的桥梁,它决定了进入广场后行动路线的开端。因此,开口的位置非常重要,不但要考虑交通的便捷,还要顾及广场的空间品质。例如,一个矩形广场,从长边还是短边开口给人们的感受是完全不同的。从长边进入,显现出面阔广场的特性;从短边进入,更像个纵深广场。从视觉心理学角度看,开口的选择最好能使视线通过某个对景。

9.4.3.3　景观要素

城市广场景观要素主要有地形、绿化、色彩、地面铺装以及景观小品设计。

1)地形设计

地形不仅影响广场的功能布局,也影响人的动线组织。常用的广场地形有平面式和立体式两种,用什么形式主要是考虑广场的用途。如果是政治或纪念性广场或者广场主要用于集会,人流量巨大,地形不宜起伏,一般采用平地广场形式。商业广场和街道广场一般要顺应地形的变化。为了营造层次丰富的空间效果,可以有意识地采取坡地形式。如果土地的地形起伏较大,可以考虑立体式。例如,上海人民广场是上海的政治、文化、交通、商业中心,原以大面积硬地为主,主要用于政治集会。1994 年改建为以绿化为主的休闲旅游广场。改建后的广场,结合地下街市,创造出更富立体层次和多样性的城市开放空间,大大提升了广场的活力,如图 9-21 所示。

2)绿化设计

城市广场的绿化设计要综合考虑广场的性质、功能、规模和周围环境。广场绿地具有空间隔离、美化景观、遮阳降尘等多种功能。应该在综合考虑广场功能空间关系、游人路线和视线的基础上形成多层次、观赏性强、易成活、好管理的绿化空间。一般来说,公共活动广场周围宜栽种高大乔木,集中成片的绿地不小于广场总面积的 25%,并且绿地设置宜开敞,植物配置要通透疏朗。车站码头机场的集散式广场,应该种植具有地方特色的植物,集中成片绿地不小于广场总面积的 10%。纪念性广场的绿化应该有利于衬托主体纪念物。

图 9-21　上海人民广场

3)色彩设计

色彩是用来表现城市广场空间的性格和环境气氛的,它是创造良好空间效果的重要手段之一。处理得当会给人带来无限的欢快和愉悦,如查尔斯摩尔设计的美国新奥尔良意大利广场,那红白相间的同心圆式的地面色彩设计,加上圆中的碧水喷泉,给人们以赏心悦目、清新明快的欢愉感,如图 9-22 所示。然而并不是有了强烈的色彩设计便会取得良好的广场效果,也并不是所有城市广场都应以强烈色彩来表现。在纪念性广场中便不能有过分强烈的色彩,否则会减弱广场的严肃气氛,相反商业性广场及休闲性广场则可以选用较为温暖而热烈的色调,使广场产生活跃与热闹的气氛,更加强了广场的商业性和生活性。

图 9-22　美国新奥尔良意大利广场

4)地面铺装设计

广场中的地面铺装具有限定空间、标识空间、增强识别性、强化尺度感以及为人们提供活动场所的功能。地面图案设计可以将地面上的人、树、设施与建筑联系起来,以构成整体的美感,也可以通过地面的处理达到室内外空间的相互渗透。

5)景观小品设计

景观小品设计中首先要把握设计主题,符合广场的氛围。如纪念广场可以在轴线上设置具有纪念意义的碑柱等,形成视觉焦点。商业广场、街头广场则避免布置主题严肃的景观小品,应以活泼、大众化的题材为主。景观小品的风格要追求统一中富于变化,倘若各种景观小品风格差异较大,会给人们带来凌乱感。一般来说,纪念性广场要控制小品的数量,以简洁、稳重、肃穆的风格为主。商业广场应追求活跃的气氛造型和色彩,也要体现商业氛围。小品的摆放位置也要系统化,充分结合人的行走路线和空间的组织,切忌随意摆放。此外,景观小品应尽量面对主要人流摆放,还可以与绿化设施组合形成趣味空间。

参考文献

[1] 建筑设计资料集编委会. 建筑设计资料集[M]. 2 版. 北京:中国建筑工业出版社,1994.
[2] 李振宇,许甘,戚广平. 小住宅方案设计[M]. 北京:中国建筑工业出版社,1999.
[3] 陆震纬,来增祥. 室内设计原理[M]. 2 版. 北京:中国建筑工业出版社,2003.
[4] 苏丹. 住宅室内设计[M]. 北京:中国建筑工业出版社,1999.
[5] 王晓,闫春林. 现代商业建筑设计[M]. 北京:中国建筑工业出版社,2005.
[6] 韩放,李浩,何泽联. 商业购物空间设计与实务[M]. 广州:广东科技出版社,1998.
[7] 洪麦恩,唐颖. 现代商业空间艺术设计[M]. 北京:中国建筑工业出版社,2006.
[8] 朱蒂・葛拉芙・可兰. 办公空间经典集[M]. 胡弘才,黄淳德,许尚健译. 沈阳:辽宁科学技术出版社,2003.
[9] [日]小原二郎,加藤力,安藤正雄. 室内空间设计手册[M]. 张黎明,袁逸青译. 北京:中国建筑工业出版社,2000.
[10] [美]伊兰娜・弗兰克尔. 办公空间设计秘诀[M]. 张颐译. 北京:中国建筑工业出版社,2004.
[11] 韩国 Plus 文化社. 韩国室内设计精品系统——办公空间[M]. 洪燕译. 沈阳:辽宁科学技术出版社,2003.
[12] [美]威诺・麦思. 工作空间设计 2[M]. 王春蕾译. 北京:中国轻工业出版社,2001.
[13] 张绮曼,郑曙旸. 室内设计资料集[M]. 北京:中国建筑工业出版社,1995.
[14] 高祥生,韩巍,过伟敏. 室内设计师手册[M]. 北京:中国建筑工业出版社,2001.
[15] [韩]Capress. 娱乐空间[M]. 黄婷译. 福州:福建科学技术出版社,2005.
[16] 汤重熹. 室内设计[M]. 北京:高等教育出版社,2004.
[17] 张福昌. 室内环境艺术设计[M]. 北京:中国轻工业出版社,2001.
[18] 唐玉恩,张皆正. 旅馆建筑设计[M]. 北京:中国建筑工业出版社,2005.
[19] 鲁晓波,史习平,马赛,等. 展示设计[M]. 北京:清华大学出版社,2005.
[20] 建筑世界株式会社. 展示设计室内空间　博物馆/美术馆/展示厅/交易会厅(分册)[M]. 福州:福建科学技术出版社,2002.
[21] 陈易. 建筑室内设计[M]. 上海:同济大学出版社,2001.
[22] 来增祥,陆震纬. 室内设计原理[M]. 北京:中国建筑工业出版社,1996.
[23] 清华大学建筑系制图组编. 建筑制图[M]. 北京:中国建筑工业出版社,1995.
[24] 唐玉恩,张皆正. 旅馆建筑设计[M]. 北京:中国建筑工业出版社,1993.
[25] 葛勇. 建筑装饰材料[M]. 北京:中国建材出版社,1998.
[26] 曹文达. 建筑装饰材料[M]. 北京:北京工业大学出版社,1999.
[27] 薛聪贤. 景观植物造园应用实例[M]. 杭州:浙江科学技术出版社,1999.
[28] 苏雪痕. 植物造景[M]. 北京:中国林业出版社,1998.
[29] 田学哲. 建筑初步[M]. 2 版. 北京:中国建筑工业出版社,1999.
[30] 顾馥葆. 中国现代建筑 100 年[M]. 北京:中国计划出版社,1999.
[31] [美]余人道(Rendow Yee). 建筑绘画——绘图类型与方法图解[M]. 陆卫东等译. 北京:中国建筑工业出版社,1999.
[32] 张斌,杨北帆. 城市设计与环境艺术[M]. 天津:天津大学出版社,2000.
[33] 张为诚,沐小虎. 建筑色彩设计[M]. 上海:同济大学出版社,2000.

[34] 杜汝俭,李恩山,刘管平.园林建筑设计[M].北京:中国建筑工业出版社,1993.
[35] 马怡红,张剑敏,张保胜.建筑装饰设计[M].北京:中国建筑工业出版社,1995.
[36] 杨永胜,金涛.现代城市景观设计与营建技术[M].北京:中国城市出版社,2002.
[37] 简·C·辛德.建筑研究[M].北京:中国建筑工业出版社,1984.
[38] 刘文军,韩寂.建筑小环境设计[M].上海:同济大学出版社,1999.
[39] 钱健,宋雷.建筑外环境设计[M].上海:同济大学出版社,2001.